校企"双元"深度合作成果系列

电火花成形机床操作与加工

卓良福　王　佳　伍端阳　主编
周旭光　主审

化学工业出版社
·北京·

本书介绍了当前先进的数控电火花成形加工应用技术。以基于实际生产的任务为导向，将电火花成形加工应掌握的知识点与实践方法结合起来进行讲解，循序渐进介绍了电火花成形加工的基本操作及维护保养、加工原理及工艺，重点讲解了典型零件的电火花成形加工，还介绍了CAD/CAM电极辅助设计方法。

本书可作为职业教育数控、模具相关专业的教材，也可供企业培训以及相关技术人员参考使用。

图书在版编目（CIP）数据

电火花成形机床操作与加工/卓良福，王佳，伍端阳主编. —北京：化学工业出版社，2020.4
ISBN 978-7-122-35969-8

Ⅰ．①电… Ⅱ．①卓… ②王… ③伍… Ⅲ．①电火花加工 - 机床 Ⅳ．① TG661

中国版本图书馆 CIP 数据核字（2020）第 007800 号

责任编辑：贾　娜　　　　　　　　　文字编辑：陈　喆
责任校对：李雨晴　　　　　　　　　装帧设计：刘丽华

出版发行：化学工业出版社（北京市东城区青年湖南街 13 号　邮政编码 100011）
印　　装：高教社（天津）印务有限公司
787mm×1092mm　1/16　印张 16　字数 386 千字　2020 年 6 月北京第 1 版第 1 次印刷

购书咨询：010-64518888　　　　　　　售后服务：010-64518899
网　　址：http://www.cip.com.cn
凡购买本书，如有缺损质量问题，本社销售中心负责调换。

定　　价：89.00 元

前言

　　随着"中国制造2025"制造强国战略的提出，国内制造业加快了向智能制造发展的进程。数控电加工技术是先进制造业的重要组成部分，数控电加工机床已成为模具行业、机械制造行业必不可少的设备，在现代制造企业中的普及率越来越高，企业对能熟练掌握数控电加工机床操作与加工的技能人才的需求量越来越大。

　　培养大批量高技能人才已成为职业教育的当务之急，职业教育的重要地位和作用越来越凸显。大力发展职业教育离不开一流的教学设备，更离不开一流的教学队伍和优秀教材，编者在长期的职业教育过程中，深切领会到一本好的图书对教学的重要性。

　　为了适应行业智能制造转型升级对新型技能人才的培养要求，我们率先使用当前先进的数控电加工技术作为教学内容。根据中等职业学校、技工学校、技师学院及高职高专院校"模具设计与制造专业"的学习计划和教学大纲，以"电切削工国家职业技能标准"为依据，以企业生产一线的典型工作任务为载体，针对企业对电加工技能人才岗位能力的需求，确立了以行动为导向，专业教学、技能训练和职业资格考证相结合的编写思路。

　　以"行动引导，任务驱动"和"实用、典型"为出发点，每个任务主要内容用加工流程图来展示、以简短精炼的文字来讲解，便于读者理解学习。本书内容力求突出以下特点：

　　1. 执行新标准。以最新的"电切削工国家职业技能标准"为依据，反映企业用人要求，体现新理念、新方法、新工艺。

　　2. 找准新特色。本教材多图少字，遵循中高职学生认知规律，所有实操内容皆以流程图配少许文字讲解的形式，按照实际工作流程生动讲解实操过程。

　　3. 体现新理念。创新内容呈现形式，适应项目教学、任务学习、工作过程导向教学等多元化教学模式，突出"做中学、学中做"的职业教育特点。

　　本书由深圳宝安职业技术学校、瑞士GF加工方案中国区培训中心及其联盟院校合作编写。卓良福、王佳、伍端阳担任主编，王洋、蔚明扬、欧阳笑梅、张飞参与编写，深圳职业技术学院周旭光副教授担任主审。本书在编写过程中还得到了"GF加工方案全国职业院校智能制造联盟院校"（名单见下页）的支持，在此一并表示感谢。

　　由于编者水平有限，时间仓促，书中难免会有一些疏漏和不足之处，欢迎广大读者批评指正。

主编

深圳职业技术学院

成都航空职业技术学院

天津轻工职业技术学院

宁波职业技术学院

浙江机电职业技术学院

广西机电职业技术学院

江苏信息职业技术学院

上海市工业技术学校

金华职业技术学院

山东工业技师学院

目录

数控电火花成形机床操作员岗位认知

近年来，数控加工技术迅猛发展，传统的电火花成形加工融入了先进的数控技术，现代制造企业急需大批能熟练掌握数控电火花成形加工工艺、编程、操作的技能型人才。通过本项目的学习，可对数控电火花成形机床操作员这一工作岗位有初步的认知，为后面的学习奠定基础。

▶ 知识目标

① 能正确理解数控电火花成形机床操作员工作岗位要求。
② 掌握数控电火花成形机床安全文明生产相关知识。
③ 掌握数控电火花成形机床相关基础知识。
④ 了解车间整理、整顿、清理、清扫、素养、安全、节约 7S 管理相关制度。

▶ 技能目标

① 掌握数控电火花成形机床安全文明生产相关技能。
② 能正确存放车间工具、量具、夹具。

▶ 情感目标

① 培养学生良好的工作作风。
② 培养学生良好的安全意识。
③ 培养学生的责任心和团队精神。

建议课时分配表

名　　称	课时（节）
数控电火花成形机床操作员岗位认知	6
合计	6

① 参观数控电火花成形机床实训车间。

② 介绍数控电火花成形机床。

③ 介绍常用工具。

④ 介绍车间安全规程。

图 1-1 是数控电加工车间。

图 1-1　数控电加工车间

 【知识技能】

知识点 1　数控电火花成形机床的基本组成及分类

（1）数控电火花成形机床的基本组成

不同品牌的数控电火花成形机床的外观可能不一样，但主要都由主机、电柜、操作台等几部分组成。图 1-2 是 GF 加工方案 FORM P 350 精密数控电火花成形机床的组成。

① 主机　数控电火花成形机床主机是其机械部分，用于夹持电极及支承工件，保证它们的相对位置，并实现电极在加工过程中的稳定进给运动。机床主机主要由床身、主轴头、工作台、X/Y 轴、工作液箱等部分组成，如图 1-3 所示。

a. 床身　床身是数控电火花成形机床的基础结构。X、Y、Z 轴作为构件安装在床身上，床身起到支撑的作用，构成短"C"形立柱结构，这一设计减少了占地面积，精度不受工件重量和工作液重量的影响。床身和立柱是整个机床的主要机械部分，床身和立柱的制造、装配必须满足各种几何精度与力学精度，才能保证加工过程中电极与工件的相对位置，保证加工精度。

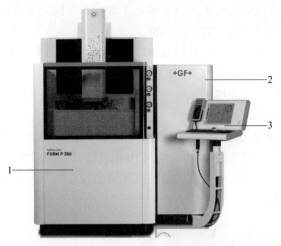

图 1-2　FORM P 350 精密数控电火花成形机床组成

1—主机；2—电柜；3—操作台

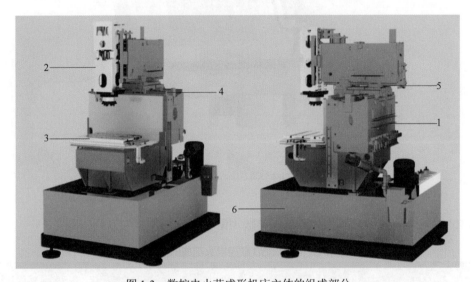

图 1-3　数控电火花成形机床主体的组成部分

1—床身；2—主轴头；3—工作台；4—X轴；5—Y轴；6—工作液箱

b. 主轴头　主轴头是数控电火花成形机床的一个关键部件，它的功能是：连接与装夹电极；在加工中调整和保持合理的放电间隙；确定加工起始位置，预置加工深度；加工到位后，主轴自动回升。

c. 工作台　工作台主要用来支承和装夹工件。工作台上开设有 T 形槽，方便装夹与固定工件。工作台应具有耐用、平面度精度高等特点。工作台安装在液槽范围内，液槽用来容纳加工过程中的工作液。

d. 工作液箱　数控电火花成形加工是在液体介质中进行的，因此必需要有工作液循环过滤系统，用于工作液的储存、冷却、循环、过滤和净化。

② 电柜　数控电火花成形机床的电柜包括脉冲电源、轴驱动系统和 CNC 控制系统。脉冲电源是电柜的核心部分，它将交流电的输入转换为可精确控制时间的脉冲电源

输出。先进的数控电火花成形机床其技术核心主要集中在脉冲电源,脉冲电源性能的好坏直接关系到数控电火花成形加工的工艺指标。

轴驱动系统通过控制伺服电动机的转速、动作,来完成加工位置的定位,加工深度进给的检测与控制、平动加工的控制等。其最重要的作用就是在放电加工中随时能够保持电极与工件之间的间隙,使放电加工处于最佳效率的状态。使用带光栅尺的全闭环系统可以实现微米级的精度控制。

CNC控制系统负责将操作命令发送给机床的脉冲电源、轴驱动系统及其他部件。

③ 操作台　操作台如图1-4所示,一般由彩色键盘、CRT显示器、手控盒等部件组成。在机床操作过程中,操作者可以通过这些装置将操作指令或程序、图形等输入并控制机械动作,实现人机对话。

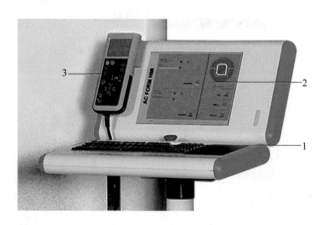

图1-4　操作台

1—键盘；2—CRT显示器；3—手控盒

（2）数控电火花成形机床主要技术参数（见表1-1）

表1-1　FORM P 350 数控电火花成形机床技术参数

项　　目		技术参数
床身	机床型号	FORM P 350
	机床尺寸	1900mm×1690mm×2650mm
	机床空载重量	2800kg
加工范围	允许最大荷重	500kg
	工作台尺寸	500mm×400mm
	工作台最大行程——X轴	350mm
	工作台最大行程——Y轴	250mm
	工作台最大行程——Z轴	300mm

项　　目		技术参数
X、Y、Z轴	X、Y轴移动速度	6m/min
	Z轴移动速度	15m/min
	X、Y、Z轴测量分辨率	0.05μm
放电电源	放电电源类型	ISPG
	最大加工电流（选项）	80（140）A
	最佳表面粗糙度	Ra0.08μm
控制系统	操作系统	Windows
	用户界面	AC FORM HMI
	专家系统	TECFORM

（3）电火花成形机床的类型

电火花成形机床按数控程度分为非数控、单轴数控及三轴数控。随着科学技术的进步，国外已经大批生产三轴数控电火花成形机床，以及带工具电极库能按程序自动更换电极的电火花加工中心，我国的大部分电火花加工机床厂现在也正开始研制生产三坐标数控电火花成形机床。

数控机床除了直线移动的X、Y、Z三个坐标轴（见图1-5）系统外，还有三个转动的坐标系统，即绕X轴转动的A轴，绕Y轴转动的B轴，绕Z轴转动的C轴。若机床的Z轴可以连续转动但不是数控分度与联动的，如电火花打孔机，则不能称为C轴，只能称为R轴。

根据机床数控坐标轴的数目区分，目前常见的数控机床有三轴数控电火花成形机床、四轴三联动数控电火花成形机床、四轴联动或五轴联动甚至六轴联动电火花加工机床。三轴数控电火花成形机床的主轴Z和工作台X、Y都是数控的。从数控插补功能上讲，又将这类机床细分为三轴两联动机床和三轴三联动机床。三轴两联动是指X、Y、Z三轴中，只有两轴（如X、Y轴）能进行插补运动和联动，电极只能在平面内走斜线和圆弧轨迹（电极在Z轴方向只能做伺服进给运动，但不是插补运动）。三轴三联动系统的电极可在空间做X、Y、Z方向

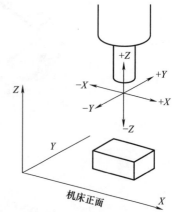

图1-5　数控机床的X、Y、Z轴的示意图

的插补联动（例如可以走空间螺旋线）。四轴三联动数控机床增加了C轴，即主轴可以数控回转和分度。

现在部分先进的数控电火花成形机床还带有工具电极库（见图1-6），在加工中可以根据事先编制好的程序，自动更换电极。

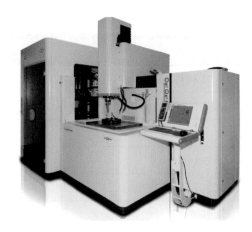

图 1-6 带工具电极库的数控电火花成形机床

知识点 2 数控电火花成形机床主要用途和适用范围

数控电火花成形加工在实际生产中应用广泛，用来解决各种难加工材料和复杂形状零件的加工问题。加工范围可从几微米的孔、槽到几米长的超大型模具和零件，见表 1-2。

表 1-2 数控电火花成形加工应用实例

名称	图片	工艺分析
塑料模具加工		图示为电子产品塑料模具的模仁，包含众多拐角，使用加工中心切削不能完成清角加工，因此选用数控电火花成形加工
大面积型腔加工		图示大面积型腔包括 4 个尖角，表面粗糙度要求达到 $Ra0.4\mu m$，使用铣床无法完成拐角的加工，铣削表面不符合使用要求，适合用铣床先预铣型腔，再用数控电火花成形机床进行精加工

名称	图片	工艺分析
深盲孔加工	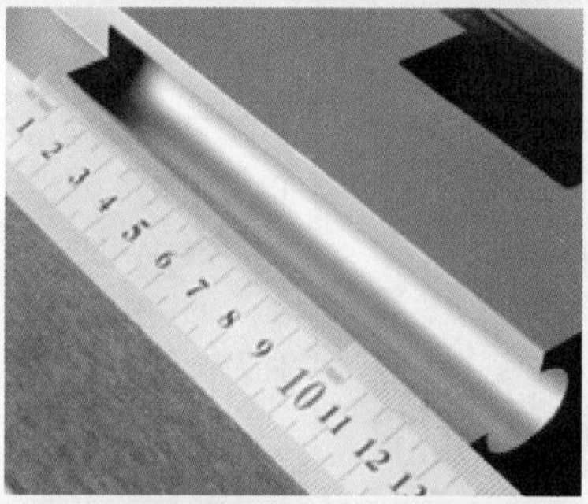	图示为深盲孔加工。使用铣床或者钻床无法加工出型孔平整的底面，由于深度较大，尺寸精度、表面粗糙度也无法保证，可以先预钻孔，用数控电火花成形机床来完成精加工
齿轮模具加工		图示为同步齿环模具的型腔加工，形状复杂，加工中心很难一次将型腔铣削到位，适合制作电极进行电火花成形加工
手机外壳盖模具加工		图示为手机外壳盖模具型腔的加工，型腔中有 LOGO 及复杂曲面部分，适合使用电火花成形加工来完成
IC 塑封模具加工		图示为高附加值模具品种 IC 封装模具的型腔加工，加工部位为很多小型腔，形状虽然简单，但型腔的尺寸、表面粗糙度要求极高，适合使用电火花成形加工来完成
航空高温耐热合金零件加工		图示为航空高温耐热合金零件的加工，由于材料特殊，电火花成形加工可满足高熔点材料的加工

项目一 数控电火花成形机床操作员岗位认知

名称	图片	工艺分析
细微零件加工		图示零件网格部分极其细微，由于电火花成形加工中电极和工件不直接接触，两者间的宏观作用力小，没有机械加工的切削力，因此适合加工低刚度工件及微细加工

知识点3 数控电火花成形机床安全生产和操作规程

数控电火花成形机床属于精密加工设备，在企业生产中有着至关重要的地位。操作者应该养成文明生产的良好工作习惯和严谨的工作作风，应具有良好的职业素养、责任心，做到安全文明生产。

操作者应严格遵守以下数控电火花成形机床安全操作规程。

① 操作人员需经过培训才能上岗，应充分了解机床结构、操作流程、加工性能。

② 实训时原则上衣着要符合安全要求。要穿绝缘的工作鞋，女生要戴安全帽，长辫要盘起。

③ 机床有多种警告标识，操作者必须遵循警告标识的要求操作机床，禁止遮盖及涂改这些标识。

④ 机床附近禁止有明火，加工时工作液应高于工件50cm，防止发生火灾。机床周围需存放足够的灭火器材，保持防火通道畅通，防止意外引起火灾事故。操作者应知道如何使用灭火器材（防止火灾的警告标识如图1-7所示）。

  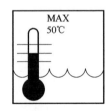

(a) 机床附近禁止有明火　(b) 液位与工件的距离大于50mm　(c) 工作液的闪点最小值是70℃　(d) 加工液的温度不能超过50℃

图1-7　防止火灾的警告标识

⑤ 加工中严禁用手或手持导电工具同时接触加工电源的两端（电极与工件），以防触电（如图1-8所示）。

⑥ 机床配有各种保护设施，以预防各种安全事故的发生，如防火保护装置、电柜温度过高保护、工作液泄漏保护、碰撞保护、排除电磁干扰等。在没有安全保护或保护不起作用的情况下禁止操作机床（警示标识如图1-9所示）。

⑦ 操作者不能随意更改机床配置页中的内容，不允许退出机床的操作系统。

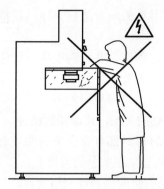

图1-8　防止触电示意图　　　　　图1-9　禁止操作机床警示标识

⑧ 机床有故障情况或加工中不允许触碰时要做出警示。

⑨ 重量较大的工件，在搬移、装夹的过程中要注意安全，在工作台上要轻移、轻放。

⑩ 在移动机床轴时，如果打开了机床的"忽略接触感知"功能，这种情况下一定要注意移动方向正确，否则会发生严重碰撞甚至损坏机床。

⑪ 机床在加工中会产生烟雾，应备有通风排烟设施，以保障操作人员的健康（标识如图1-10所示）。

⑫ 机床运行时，不要把身体靠在机床上。不要把工具和量具放在移动的工件或部件上。

⑬ 加工中发生紧急问题时，可按紧急停止按钮来停止机床的运行。

⑭ 停机时，应先停脉冲电源，之后停工作液。所有加工完成后，应关掉机床总电源，擦拭工作台及夹具。

⑮ 使用的火花油中通常都含有芳香烃，皮肤长时间接触含芳香烃类液体会引起皮肤病，建议在操作机床时佩戴橡胶手套或涂抹一些护肤脂，接触工作液后必须洗手（标识如图1-11所示）。

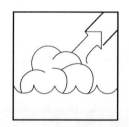

图1-10　通风排烟设施标识　　　图1-11　佩戴橡胶手套与接触工作液后必须洗手标识

知识点4　车间7S管理

（1）7S管理含义及内容

整理（Seiri）——将工作场所的任何物品区分为有必要的和没有必要的。把没有必要的清除掉，目的是腾出空间，防止误用，打造清爽的工作场所。

整顿（Seiton）——把留下来的必要的物品依规定位置摆放，并放置整齐加以标识。目的是使工作场所一目了然，减少寻找物品的时间，营造整整齐齐的工作环境，消除过多的积压物品。

清扫（Seiso）——将工作场所内看得见与看不见的地方清扫干净，保持工作场所干净、整洁。目的是稳定品质，减少工业伤害。

清洁（Seiketsu）——将整理、整顿、清扫进行到底，并且制度化，经常保持环境处在美观的状态。目的是创造明朗现场，维持以上 3S 成果。

素养（Shitsuke）——每位成员养成良好的习惯，遵守规则做事，培养积极主动的精神（也称习惯性）。目的是培养有好习惯、遵守规则的员工，营造团队精神。

安全（Security）——重视成员安全教育，每时每刻都有安全第一的观念，防患于未然。目的是建立起安全生产的环境，所有的工作应建立在安全的前提下。

节约（Save）——合理分配实训、学习、生活的时间，合理利用物料。目的是发挥最大的效能。

（2）7S 管理目的

整理：要与不要，一留一弃。

整顿：科学布局，取用快捷。

清扫：清除垃圾，美化环境。

清洁：清洁环境，贯彻到底。

素养：形成制度，养成习惯。

安全：安全操作，以人为本。

节约：物尽其用，提高效率。

 【任务实施】

（1）基本要求

① 培养学生良好的工作作风和安全意识。

② 培养学生的责任心和团队精神。

（2）内容与步骤

① 认识生产车间相关设备（见表 1-3）。

表1-3　生产车间相关设备

名称	示意图	说明
数控电火花成形机床	型号：FORM P 350 数控电火花成形机床	加工模具或零件的型腔、沟槽拐角等部位

名称	示意图	说明
慢走丝线切割机床	 型号：CUT E350 精密慢走丝线切割机床	加工精密模具或零件上的贯通部位
五轴加工中心	 型号：MILL E 500U五轴加工中心	加工包含复杂型面的模具、零部件、用于放电加工的电极
数控车床		加工轴类、套类零件
稳压器		使输出电压稳定的设备

名称	示意图	说明
冷却机	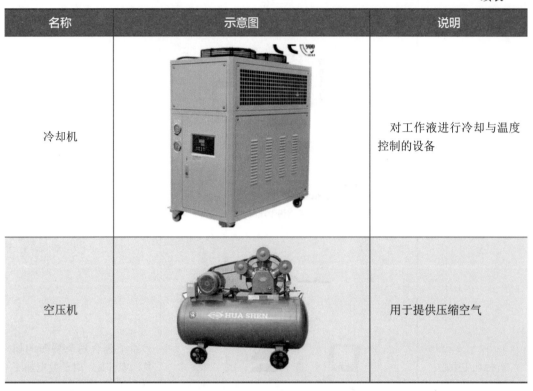	对工作液进行冷却与温度控制的设备
空压机		用于提供压缩空气

②认识数控电火花成形加工常用工具（见表1-4）。

表1-4　数控电火花成形加工常用工具

名称	示意图	说明
工具柜		用于存放加工所用工具、量具、刀具的设备
机床钥匙		用于打开机床电器柜

名称	示意图	说明
六角扳手		用于拧转六角螺钉，适用于工作空间狭小、不能使用普通扳手的场合
吸盘扳手		用于锁紧和卸载永磁吸盘
活动扳手		用来紧固和起松不同规格的螺母和螺栓的一种工具
毛刷		用于清洁机床的工具
气枪		

③ 认识数控电火花成形加工常用量具（见表1-5）。

表1-5　数控电火花成形加工常用量具

名称	示意图	说明
校表及表座		用来测量工件的精密量具

名称	示意图	说明
带表卡尺		用于测量零件外径、内经、深度、长度的量具
外径千分尺		测量工件外径
内径千分尺		测量工件内径
钢直尺		用于测量零件长度的量具
三坐标测量仪		测量零件的几何尺寸、形状和位置
粗糙度测量仪		测量零件的表面粗糙度

④ 认识数控电火花成形加工常用电极（见表1-6）。

表1-6　数控电火花成形加工常用电极

名称	图示	型号规格
紫铜电极		导电性优良，是电火花成形加工中最常用的电极材料，能满足精密加工、精细表面加工、镜面加工
石墨电极		密度小，适合制作大电极；热膨胀系数小，适合深窄缝加工；能承受大电流加工，加工效率高

⑤ 认识数控电火花成形加工常用夹具（见表1-7）。

表1-7　数控电火花成形加工常用夹具

名称	图示	说明
永磁吸盘	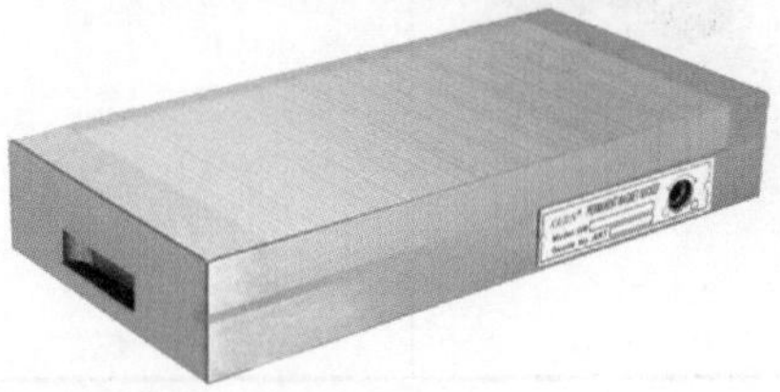	用于吸持和卸载工件的磁性夹具
台虎钳		用来装夹工件的夹具

名称	图示	说明
正弦磁盘		用于吸持和卸载工件的磁性夹具
可调节电极夹头		用于装夹电极的夹具
3R 夹具		用于快速装夹电极的夹具

⑥ 学习数控车间 7S 管理制度。

结合参观车间，学习相关知识及数控车间 7S 管理知识。

【任务评价】

根据掌握情况填写学生自评表，见表 1-8。

表1-8　学生自评表

项目	序号	考核内容及要求	能	不能	其他
了解车间设备	1	正确说出各设备名称及用途			
	2	正确叙述车间安全文明生产相关条例			
了解车间工具、量具、电极	3	正确说出工具名称及用途			
	4	正确说出量具名称及用途			
	5	正确说出电极材料名称及用途			
了解车间7S管理	6	正确叙述车间7S管理相关条例			
	7	提出7S管理中的个人见解			
签名	学生签名（　　　）	教师签名（　　　）			

❓【任务反思】

总结归纳学习所得，发现存在问题，并填写总结归纳表，见表1-9。

表1-9　总结归纳表

类型	内　　容
掌握知识	
掌握技能	
收获体会	
需解决问题	
学生签名	

✏【课后练习】

一、判断题

（　　）1. 数控电火花成形加工适用于加工各种难加工材料，如超硬合金、淬火钢等。

（　　）2. 一般情况下，允许在电火花成形机床旁使用明火。

（　　）3. 加工中发生紧急问题时，可按紧急停止按钮来停止机床的运行。

二、单项选择题

（　　）1. 电火花成形机床不适用于_____加工。

A. 塑料模具型腔　　　　　B. 深盲孔　　　　　C. 塑料齿轮

（　　）2. 下列不属于车间 7S 管理的内容有_____。

A. 整理 　　　　　　　　B. 服从 　　　　　　　　C. 安全 　　　　　　　　D. 节约

（　　）3. _____不属于放电加工的机床。

A. 慢走丝线切割机床 　　　B. 五轴加工中心 　　　C. 电火花成形机床 　　　D. 电火花穿孔机

三、填空题

1. 数控电火花成形机床一般由_____、_____、_____三部分组成。

2. 实训时原则上衣着要符合_____要求。要穿_____的工作鞋，女生要戴_____，长辫要盘起。

3. 数控电火花成形机床有多种警告标识（如本节的一些警告标识），操作者必须遵循警告标识的要求操作机床，禁止_____及_____这些标识。

数控电火花成形机床基本操作与保养

在实际生产中，数控电火花成形机床的可靠性，很大程度上取决于操作人员是否能够正确操作和维护保养机床。正确操作与保养机床能保证设备长期稳定地运行，延长机床的寿命。

通过本项目的学习，应能按照操作流程使用数控电火花成形机床进行简易零件的加工，并能对机床进行正确的维护保养。

■ 知识目标

① 掌握数控电火花成形加工的电极装夹相关知识。
② 能理解数控电火花成形机床定位的方法。
③ 能正确理解工件坐标系和 MDI（手动输入方式）程序编辑的作用。

■ 技能目标

① 能使用通用夹具装夹工件和电极。
② 能使用百（千）分表校正工件和电极。
③ 能预设工件坐标系。
④ 能按照机床操作规程完成编程。
⑤ 能进行数控电火花成形机床的日常维护保养。

■ 情感目标

① 培养学生良好的工作作风。
② 培养学生良好的安全意识。
③ 培养学生在机床操作中一丝不苟，细致认真的工作态度。

建议课时分配表

名称	课时（节）
任务 1　数控电火花成形机床基本操作	12
任务 2　数控电火花成形机床基本维护保养	6
合计	18

任务 1

数控电火花成形机床基本操作

【工作任务】

丝锥折断在模仁螺栓孔内，通过数控电火花成形加工方法来去除折断的丝锥（见图 2-1）。型腔镶块的结构见图 2-2。

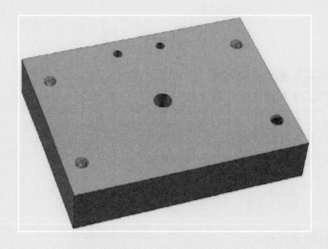

图 2-1　丝锥折断于孔内

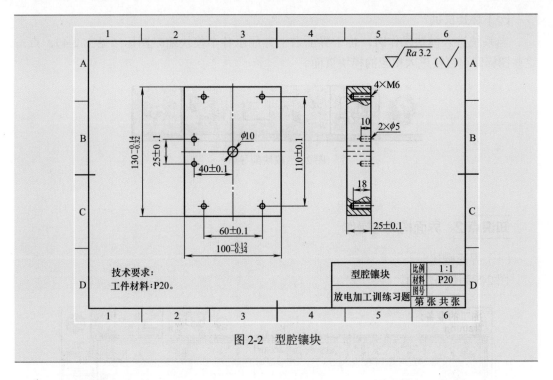

图 2-2　型腔镶块

【知识技能】

知识点 1　五大界面

（1）主界面

GF 加工方案 FORM P 350 精密电火花成形机床的系统界面包含：准备、执行、文件、手动、服务五大功能模块，如图 2-3 所示。

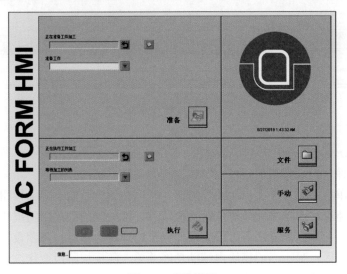

图 2-3　系统界面

（2）模块区域

当系统进入模块操作时，位于界面右上方显示各个模块缩略图标（见图2-4），点击这些图标即可直接进入相应的模块页面。

图2-4　模块间导航

知识点 2　界面构成与操作

（1）界面概述

图2-5为任务界面。

图2-5　任务界面

图2-5中①～⑦各项含义如下：

①当前文件名：显示当前正在编辑或执行的文件名称。

②模块菜单区：包含5大模块的导航键、帮助按钮、返回主界面按钮。

③阶段功能区：显示当前模块阶段功能菜单，这些功能菜单跟随模块页面变化。

④主对话区：本区域显示各阶段主页面内容，通过对话进行各项设置。

⑤功能选项区：显示当前模块内铺助功能菜单，随模块阶段变化。

⑥MDI：可直接输入MDI指令执行命令。

信息：显示报警信息。

⑦执行按钮：包括启动、暂停、终止 3 个按钮。等同手控盒按钮功能。

（2）阶段级导航

每个模块由若干个阶段组成（最多可以有 7 个）。通过界面右侧垂直排列的标签，可以对这些阶段进行访问。这些阶段的排列顺序从上到下是按照用户使用过程的逻辑顺序进行布置的。当然，在使用过程中也可以任意选择阶段。每个阶段都有相应的快捷键指令，如图 2-6 所示。

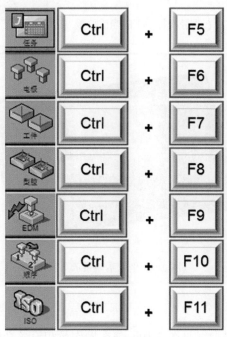

图 2-6　快捷键指令

（3）编辑功能键

 为功能列表菜单，点击编辑功能键，系统弹出编辑功能按钮，如图 2-7 所示。

图 2-7　编辑功能按钮

（4）MDI（手动数据输入）命令行

图 2-8 为 MDI 命令行用于执行 ISO 命令，按下 F3 键或右端 ▼ 显示历史命令列表。

MDI:	▼

图 2-8　MDI 命令行

（5）坐标系

表 2-1 为坐标系，图 2-9 为坐标系关系示意图。

表 2-1　坐标系

	机床坐标系：在机床坐标系下的当前位置	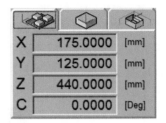		

 工件坐标系：在工件坐标系下的当前位置

 型腔坐标系：在型腔坐标系下的当前位置

X	175.0000	[mm]
Y	125.0000	[mm]
Z	440.0000	[mm]
C	0.0000	[Deg]

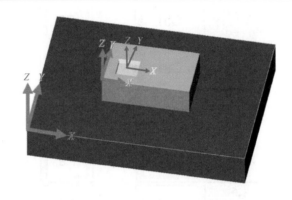

图 2-9　坐标系关系示意图

（6）人机对话方式

① 操作台简介　操作台（见图 2-10）是在操作员和设备之间进行对话的媒介。操作人员通过操作台来准备、管理、执行加工任务。

图 2-10　操作台

② 人机界面输入方式　机床配备的 17in（1in=25.4mm）触摸屏、鼠标、键盘都可以方便实现人机界面对话。数据能通过键盘按常规方式输入，按回车键 ENTER 生效。

a. 通过箭头键→|←|↑和↓选择需要修改的表格框。

b. 利用键盘修改数值。

c. 按回车键 Enter↵ 使输入值生效。

d. 快捷键　复制：Ctrl＋C；剪切：Ctrl＋X；粘贴：Ctrl＋V。

e. F3 下拉选项输入　按 F3 键，在滚动菜单列表中获得下拉选项输入菜单，如图 2-11 所示。

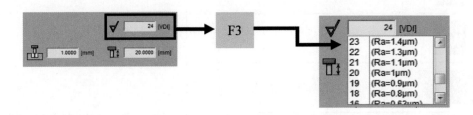

图 2-11　F3 下拉选项

f. F4 坐标系显示　在任意状态下按 F4，系统在屏幕中央弹出"坐标系"位置框。

（7）在线帮助与学习

在系统任意界面，按键盘 F1 键，系统即弹出当前界面的说明，如图 2-12 所示。

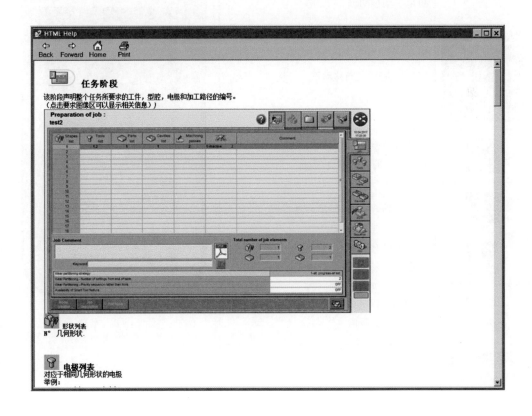

图 2-12　在线帮助窗口

知识点 3　机床手控盒的功能及使用

（1）手控盒按键功能（见表 2-2）

表 2-2　手控盒按键功能

	执行键	
	暂停键	
	C 轴顺 / 逆时针移动键	
	移动速度指示灯	
	当屏蔽罩降下时，需用手触碰手控盒后部的黑色区域激活，并按住该键，才可以手动移动轴	
	X/Y 轴 ± 方向移动键	
	连续移动或者单步移动功能键。选择单步模式时，指示灯闪烁	
	辅助轴 AU1 或 AU2 的选择键	
	降低轴移动速度键，选定的速度由速度指示器来显示	
	增加轴移动速度键，选定的速度由速度指示器来显示	
	Z 轴 ± 方向移动键	
	复位键，取消当前正在执行的操作	

（2）手控盒屏幕功能（见表2-3）

表2-3 手控盒屏幕功能

图标	功能	图标	功能
Coord	坐标系		开启冲液
Diel	进入冲液管理页面		工作液槽循环热平衡开启
Mov	移动至参考点		工作液槽加液
MDI	手动输入指令		工作液槽排空
Spin	打开 C 轴旋转		液槽门上升
Man	找边		液槽门下降

知识点 4　工件的装夹与校正

（1）工件的装夹

工件的形状、大小各异，因此电火花成形加工工件的装夹方法有很多种。使用磁力吸盘是电火花成形加工中最常用的装夹方法，如图2-13所示，适用于装夹安装面为平面的工件或辅助工具。

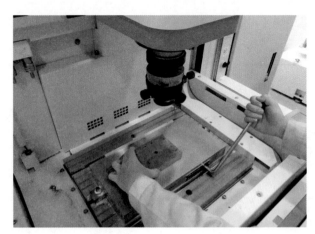

图 2-13　使用磁力吸盘装夹工件

磁力吸盘是使用高性能磁钢，通过强磁力来吸附工件，并通过吸盘内六角孔中插入的扳手来控制的。当扳手处于 OFF 侧时，吸盘表面无磁力，这时可以将工件放置于吸盘台面，然后将扳手旋转至 ON 侧，工件就被吸紧于吸盘了。ON/OFF 切换时，磁力面的平面精度不变。磁力吸盘吸夹工件牢靠、精度高，装卸加工快，是较理想的数控电火花成形机床装夹设备。一般用压板把磁力吸盘固定在电火花成形机床的工作台面上。

除了使用磁力吸盘外，还可以使用平口钳、压板等工具来装夹工件。

（2）工件的校正

工件装夹完成以后，要对其进行校正。工件校正就是使工件的工艺基准与机床 X、Y 轴的轴线平行，以保证工件的坐标系方向与机床的坐标系方向一致。使用校表来校正工件是在实际加工中应用广泛的校正方法。

工件校正的操作过程：将百（千）分表的磁性表座固定在机床主轴侧或床身某一适当位置，保证固定可靠，同时将表架摆放成能方便校正工件的样式；使用手控盒移动相应的轴，使千分表的测头与工件的基准面相接触，直到千分表的指针有指示数值为止；此时，纵向或横向移动机床轴，观察百（千）分表的读数变化，即反映出工件基准面与机床 X、Y 轴的平行度，使用铜棒敲击工件来调整平行度。操作过程中要注意把握好手感，重复进行训练，逐步提高工作效率。

工件校正的精度对加工精度有直接影响，如果工件没有校正好，在移动工作台的坐标时，如移动 X 轴向，这时就相当于不仅移动了 X 轴向，而且也移动了 Y 轴向，这会给装夹后的定位带来精度偏差。校正工件时，若发现工件有严重变形的情况，则应根据加工精度要求来作出处理，超过精度允许范围时不予进行加工。

知识点 5　电极的装夹与校正

（1）手动装夹电极

数控电火花成形加工是将电极安装在机床主轴上进行加工，电极装夹的目的是指将电极安装在机床的主轴头上。

手动装夹电极是指使用通用的电极夹具，由人工完成电极装夹的操作。手动装夹电极有以下一些操作要点。

① 装夹电极时，要对电极进行仔细检查。如：电极是否有毛刺、脏污物，形状是否正确，有无损伤，是否为所要加工的电极（尤其是在有类似电极的情况下很容易混淆，更应该注意），另外要分清楚粗加工、精加工电极。

② 装夹电极时要看清楚加工图纸，装夹方向要正确，采用的装夹方式应不会与其他部位发生干涉，便于加工定位。

③ 用螺钉紧固装夹电极时，锁紧螺钉用力要得当，防止用力过大造成电极变形或用力过小而夹不紧、夹不牢。

（2）手动校正电极

手动装夹后的电极，必须进行校正才能加工，即不仅要调节电极与工件基准面垂直，而且需在水平面内调节、转动一个角度，使电极的截面形状与将要加工的工件型孔或型腔定位的位置一致（电极的横截面基准与机床 X、Y 轴平行）。

电火花成形加工中使用可调节电极角度的夹头来校正电极，如图 2-14 所示。主要靠调节夹头的相应螺钉来校正电极。调节螺钉 1、2 实现电极左右的水平校正，调节螺钉 3、4 实现电极前后的水平校正，调节螺钉 5、6 实现电极横截面基准与机床轴平行。

图 2-14　可调节电极角度的夹头

校正电极时，有多个基准面要进行校正，因此其操作过程比校正工件要烦琐得多，对于熟练的技术工人来说，每次校正电极也都需要花费一些时间，生疏的新手则更是如此。在操作过程中，要求不厌其烦地进行校正，通过不断地调整电极夹头，多次检查，使电极的平行度和垂直度符合要求。

选择电极的校正基准是校表的要点。每个电极的形状各异，它们的校表基准也都不一样，但选择校表基准的原则是一样的：应取最长的基准代替较短的基准；应取明确的电极基准代替非明确基准。一般情况下，电极的各个面都应满足各种相应几何关系，在校表时应对它们进行具体检查。

使用百（千）分表校正电极的过程实际操作性很强，只有通过重复的练习，把握好校正的手感，强化观察能力及反应能力，才能又准又快地将电极的校正操作完成。

【任务目标】 ···

① 能使用数控电火花成形机床进行简易加工。

② 会检查加工完成后零件是否达标。

 【任务实施】 ·········

（1）基本要求

① 知道电加工去除断丝锥加工工艺知识。

② 能编制电加工去除断丝锥加工程序。

③ 会操作数控电火花成形机床去除断丝锥。

④ 会检查加工完成后螺纹孔是否达标。

（2）设备与器材

实训所需的设备与器材见表2-4。

表2-4　设备及器材清单

项目	名称	规格	数量
设备	数控电火花成形机床	GF 加工方案 FORM P 350	5～8 台
夹具	永磁吸盘	250mm	5～8 个
	可调节电极安装夹头	带 3R 基准片	5～8 个
电极	铜电极	直径 ϕ4.8mm，长度≥20mm	5～8 个
工具	油石	1000 目	5～8 把
	吸盘扳手	配永磁吸盘	5～8 把
量具	游标卡尺	0～150mm	5～8 把
	杠杆百分表	0.001mm 精度，红宝石头	5～8 个
备料	45 钢	长 50mm、宽 50mm、高 20mm 精毛坯	5～8 块
其他	毛刷、碎布、酒精	配套	一批

（3）内容与步骤

① 开机操作（见表2-5）。

表2-5　开机操作

步骤	示意图	说明
① 开总 电源	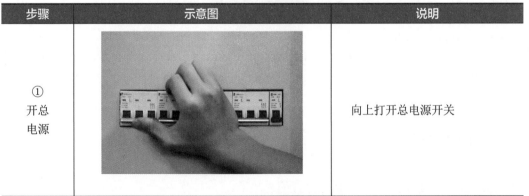	向上打开总电源开关

 电火花成形机床操作与加工

步骤	示意图	说明
		开稳压器（用两个手指头同时按稳压器上绿色开启键，打开稳压器）
② 机床 上电		开冷却机（先按打开冷却泵，再按打开空压机）
		顺时针旋转机床电源开关至"ON"档，开机
③ 检查 气压		检查气压，气压值应大于 6MPa

项目二 数控电火花成形机床基本操作与保养

步骤	示意图	说明
④ 打开 FDU	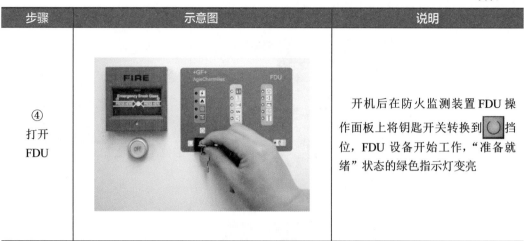	开机后在防火监测装置 FDU 操作面板上将钥匙开关转换到 ◯ 挡位，FDU 设备开始工作，"准备就绪"状态的绿色指示灯变亮

② 新建工作任务（见表 2-6）。

表 2-6 新建工作任务

步骤	示意图	说明
① 新建 程序	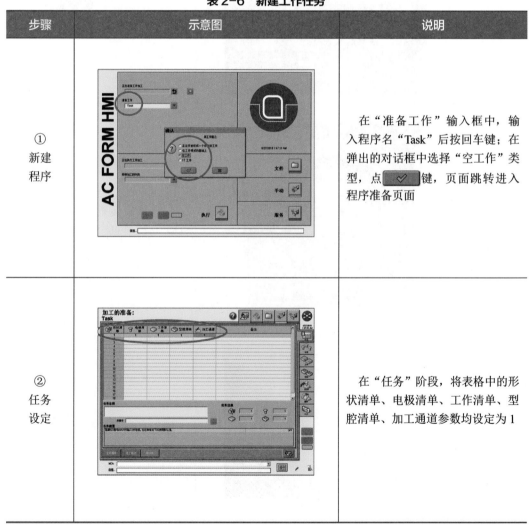	在"准备工作"输入框中，输入程序名"Task"后按回车键；在弹出的对话框中选择"空工作"类型，点 ✔ 键，页面跳转进入程序准备页面
② 任务 设定		在"任务"阶段，将表格中的形状清单、电极清单、工作清单、型腔清单、加工通道参数均设定为 1

③ 安装工件（见表2-7）。

表2-7　安装工件

步骤	示意图	说明
① 清洁 吸盘		用1000目油石轻轻打磨永磁吸盘上表面，并用干净碎布蘸酒精擦拭（注意油石打磨不要用力过猛，酒精不要倒入太多，打湿碎布即可）
② 安装 工件		将工件待加工面朝上，放置在永磁吸盘上合适的位置，将吸盘扳手置于半锁紧位置
③ 校正 工件		用杠杆百分表校正工件，使工件的基准面与机床轴平行。校正过程中使用铜棒敲击工件来调整
④ 锁紧 工件		校正完成后，将吸盘扳手置于锁紧位置，锁紧工件

④ 安装及校正电极（见表 2-8）。

表 2-8　安装及校正电极

步骤	示意图	说明
① 安装 电极	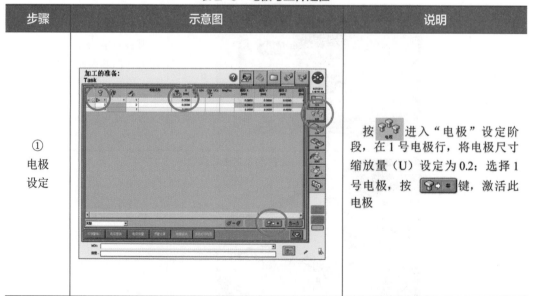	将电极安装在手动夹头上，用内六角扳手拧紧螺钉，锁紧电极
② 校正 电极		用杠杆百分表校正电极：此电极需要校正其在 XZ 平面与 YZ 平面的垂直度，通过调整手动夹头的螺钉来校正

⑤ 电极与工件定位（见表 2-9）。

表 2-9　电极与工件定位

步骤	示意图	说明
① 电极 设定		按 🔲 进入"电极"设定阶段，在 1 号电极行，将电极尺寸缩放量（U）设定为 0.2；选择 1 号电极，按 🔲 键，激活此电极

步骤	示意图	说明
② 工件 设定	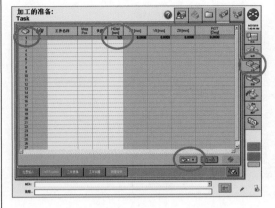	按 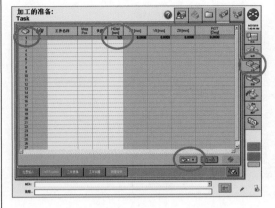 进入"工件"设定阶段，在 1 号工件行，将液位高度（HDiel）参数设定为 125；选择 1 号工件，按 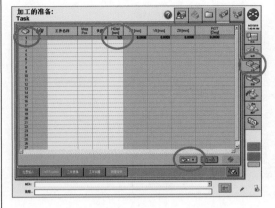 激活此工件
③ 工件 定位	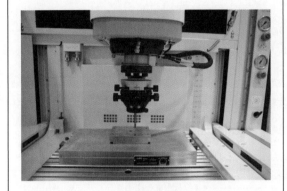	将电极手动移动到工件正上方（避开孔位）
	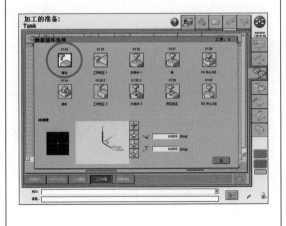	点击 工件测量 进入测量循环选择界面；选择 G130 碰边测量方式

项目二　数控电火花成形机床基本操作与保养

步骤	示意图	说明
	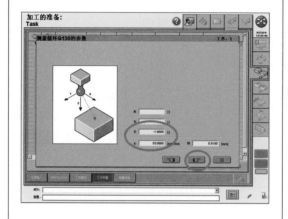	设置测量参数 Z: -1; F: 55，按 继续下一步
③ 工件 定位	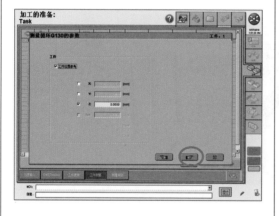 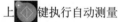	设置工件参考点为 Z: 0，按 继续下一步；再按手控盒上 键执行自动测量
	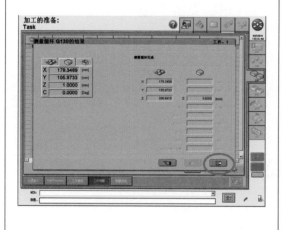	碰边测量完成后，工件坐标已被自动设置为 Z: 1，按 退出测量功能，工件 Z 轴方向定位完成

步骤	示意图	说明
	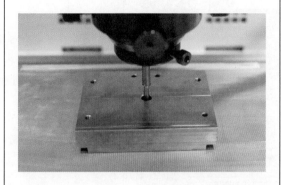	目测将电极手动移动到工件中心孔的大概正上方,再将电极往下移动,使电极处于中心孔内
③ 工件 定位	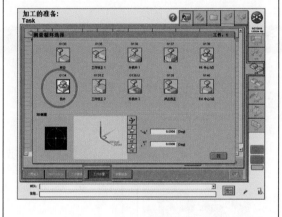	点 进入测量循环选择界面;选择 G134 找中测量方式
	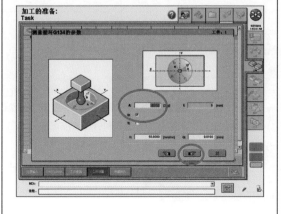	设置测量参数 A: 0; F: 55,按 继续下一步

步骤	示意图	说明
③ 工件定位	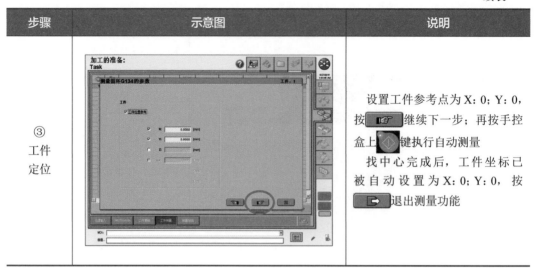	设置工件参考点为 X: 0; Y: 0, 按 ![按钮] 继续下一步; 再按手控盒上 ![键] 键执行自动测量 找中心完成后, 工件坐标已被自动设置为 X: 0; Y: 0, 按 ![按钮] 退出测量功能

⑥ 编写加工程序（见表 2-10）。

表 2-10　编写加工程序

步骤	示意图	说明
① 型腔设定	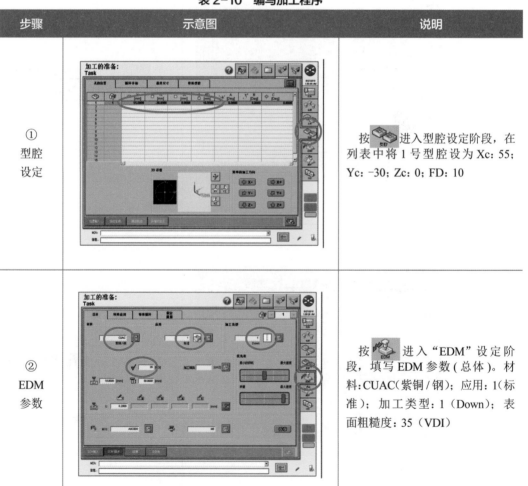	按 ![图标] 进入型腔设定阶段, 在列表中将 1 号型腔设为 Xc: 55; Yc: -30; Zc: 0; FD: 10
② EDM 参数		按 ![图标] 进入"EDM"设定阶段, 填写 EDM 参数 (总体)。材料: CUAC (紫铜 / 钢); 应用: 1 (标准); 加工类型: 1 (Down); 表面粗糙度: 35 (VDI)

步骤	示意图	说明
	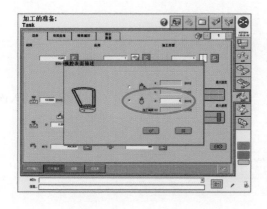	点击 进入填写放电面积，选择圆形，设定尺寸 d: 6
② EDM 参数	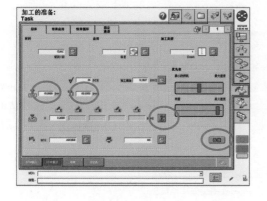	加工深度：18；电极长度：50；点 调出电极尺寸缩放量，其他设置使用默认，按 生成放电参数
	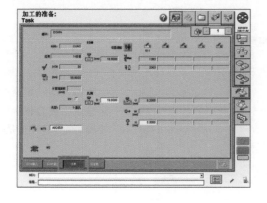	页面自动跳转至"结果"界面

项目二 数控电火花成形机床基本操作与保养

步骤	示意图	说明
② EDM 参数		点击 设定表 进入该页，可查看放电参数
③ ISO 生成		点击 进入"顺序"阶段，按 生成默认的加工顺序；按 生成 ISO 加工程序
④ 检查 ISO		页面自动跳转至"ISO"阶段，可检查生成的 ISO 加工程序与所要加工的零件图纸是否一致

⑦加工运行（见表2-11）。

表2-11 加工运行

步骤	示意图	说明
① 关防护门	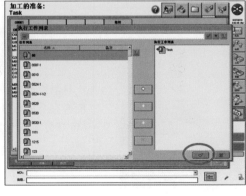	顺时针旋转机床防护门开关，手动升起防护门
② 选择程序		在"ISO"阶段页面，点█████，确认执行 Task 程序，进入放电执行状态

步骤	示意图	说明
③ 执行 程序	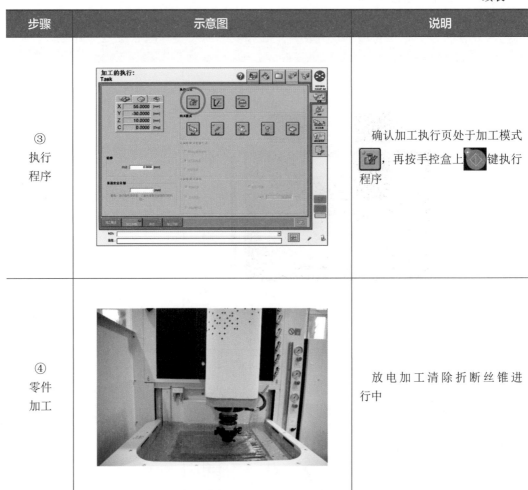	确认加工执行页处于加工模式 ，再按手控盒上 键执行程序
④ 零件 加工		放电加工清除折断丝锥进行中

⑧零件检验（见表2-12）。

表2-12 零件检验

步骤	示意图	说明
零件 检验		目测检查折断的丝锥残留物能否完全从孔内清理出来，用M6螺钉旋入检验拧螺纹是否顺畅

⑨ 关机保养（见表 2-13）。

表 2-13　关机保养

步骤	示意图	说明
① 拆卸 工件		用吸盘扳手松开永磁铁，用手拿出工件
② 清洁 工件		用清洗液清洗工件，最后用气枪吹干
③ 清理 机床		用毛刷清理永磁吸盘、工作台、工作液槽
④ 各轴 复位		移动各轴至机床合适位置

步骤	示意图	说明
⑤ 升防 护门	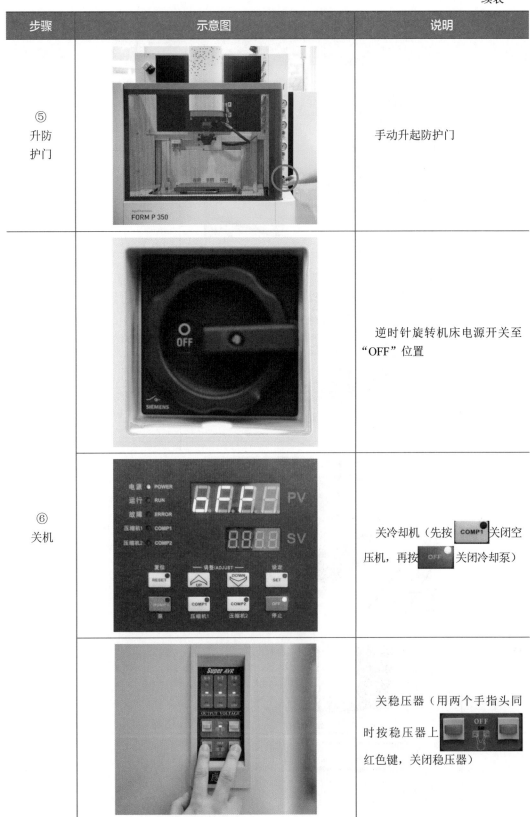	手动升起防护门
		逆时针旋转机床电源开关至"OFF"位置
⑥ 关机		关冷却机（先按 COMP1 关闭空压机，再按 OFF 关闭冷却泵）
		关稳压器（用两个手指头同时按稳压器上 OFF 红色键，关闭稳压器）

步骤	示意图	说明
⑦ 关总 电源		向下关闭总电源开关
⑧ 关闭 FDU		关机后在防火监测装置 FDU 操作面板上将钥匙开关转换到 ○挡位，FDU 设备停止工作
⑨ 清洁 打扫		打扫机床周边卫生

 【任务评价】..

根据掌握情况填写学生自评表，见表 2-14。

表 2-14　学生自评表

项目	序号	考核内容及要求	能	不能	其他
开机	1	会开稳压器和冷却机			
	2	会识读机床各部压力表			

项目	序号	考核内容及要求	能	不能	其他
安装工件	3	能正确清洁永磁吸盘			
	4	能正确安装工件			
	5	能正确校正工件			
	6	能正确锁紧工件			
安装电极	7	能正确使用电极夹头			
	8	能正确安装电极			
	9	能正确校正电极			
工件测量	10	会新建加工程序			
	11	会使用 G136 方式测量工件			
编辑程序	12	会设置任务参数			
	13	会设置 EDM 参数			
	14	会生成 ISO 程序			
	15	会检查 ISO			
加工运行	16	会选择加工程序			
	17	能执行程序			
	18	能完成零件加工			
零件检验	19	会检测零件			
关机保养	20	会拆卸工件			
	21	会清洁工件			
	22	会关机操作			
	23	会清洁和保养机床			
签名	学生签名（　　）		教师签名（　　）		

❓ 【任务反思】

总结归纳学习所得，发现存在问题，并填写学习反思内容，见表 2-15。

表 2-15　学习反思内容

类型	内容
掌握知识	
掌握技能	
收获体会	
需解决问题	
学生签名	

数控电火花成形机床基本维护保养

【工作任务】

学习数控电火花成形机床的日常维护保养。

【知识技能】

知识点　数控电火花成形机床日常维护保养

对于高精度的数控电火花成形机床而言，设备的维护保养是保持设备处于良好工作状态、延长使用寿命、减少停工损失和维修费用所必须进行的重要工作。设备日常维护保养的基本要求如下。

① 定期检查：检查机床的电气设备是否受潮和安全可靠；检查机床的空调运行是否正常，并定期清理空调防尘网上灰尘及油污；检查机床的压缩空气压力是否正常；检查机床的油箱火花油是否足够，检查机床的导轨润滑油泵导轨油是否足够。

② 定期润滑：按照机床说明书的要求对机床上各部位进行定期润滑，以保证机构运转灵活。

③ 及时更换：定期检查机床上火花油过滤器，如发现问题及时更换。

④ 每天工作结束后清理工作区域，擦净工作台、工作液槽和相关夹具。

 【任务目标】 ···

① 知道数控电火花成形机床日常维护的意义。
② 掌握数控电火花成形机床日常保养的操作步骤。
③ 能解决简单的机床故障问题。
④ 培养学生的安全意识。
⑤ 培养学生的团队意识。
⑥ 培养学生的工匠精神。

 【任务实施】 ···

（1）设备与器材
实训所需的设备与器材见表 2-16。

表 2-16　设备及器材清单

项目	名称	规格	数量
设备	数控电火花成形机床	GF 加工方案 FORM P 350	5～8 台
工具	内六角扳手	配套	5～8 套
	活动扳手	15in	5～8 把
	机床钥匙	配套	5～8 把
	气枪	配套	5～8 把
配件	过滤器	配套	1 个
其他	酒精	工业酒精	若干
	油石	800 目	若干
	润滑油	黄油	若干
	导轨油	46#	若干
	毛刷	配套	5～8 把
	碎布	干净	若干

（2）各部位定期保养操作
① 设备的清洁维护（见表 2-17）。

表 2-17　设备的清洁维护

步骤	示意图	说明（步骤）
①清洁吸盘		在加工结束时，用棉布或者无尘纸将吸盘表面擦拭干净
②清洁工作台		在加工结束时，使用清洁布清理工作台，保持工作台的清洁
③清洁油槽		在加工结束时，用工作液清洗油槽（切勿使用可能污染电介质的清洁剂或化学品，不能使用水清理工作液槽区域，以免使工作台发生锈蚀，并且影响工作液的成分）
④清洁夹头		使用清洁布，仔细清洁整个夹头，尤其是装夹接触面

步骤	示意图	说明（步骤）
⑤清洁空调滤网	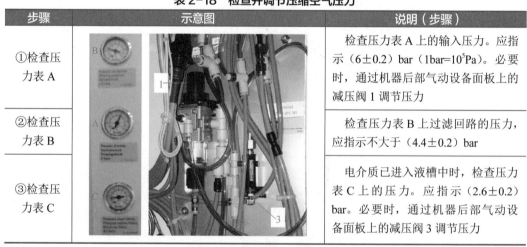	在必要时，用中性溶剂和水清洁空调滤网上的灰尘和污垢

② 检查并调节压缩空气压力（见表 2-18）。此检查对于确保气动回路的正常工作非常必要。压力表位于机器的后部。

表 2-18　检查并调节压缩空气压力

步骤	示意图	说明（步骤）
①检查压力表 A	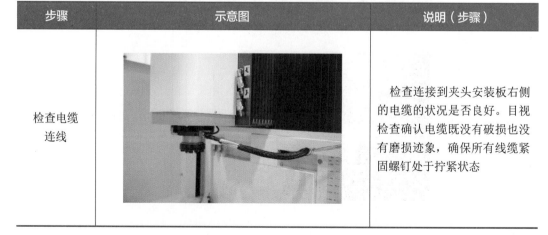	检查压力表 A 上的输入压力。应指示（6±0.2）bar（1bar=10^5Pa）。必要时，通过机器后部气动设备面板上的减压阀 1 调节压力
②检查压力表 B		检查压力表 B 上过滤回路的压力，应指示不大于（4.4±0.2）bar
③检查压力表 C		电介质已进入液槽中时，检查压力表 C 上的压力。应指示（2.6±0.2）bar。必要时，通过机器后部气动设备面板上的减压阀 3 调节压力

③ 检查电缆连接（见表 2-19）。

表 2-19　检查电缆连接

步骤	示意图	说明（步骤）
检查电缆连线		检查连接到夹头安装板右侧的电缆的状况是否良好。目视检查确认电缆既没有破损也没有磨损迹象，确保所有线缆紧固螺钉处于拧紧状态

步骤	示意图	说明（步骤）
检查电缆连线	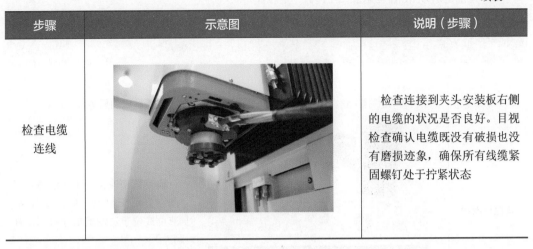	检查连接到夹头安装板右侧的电缆的状况是否良好。目视检查确认电缆既没有破损也没有磨损迹象，确保所有线缆紧固螺钉处于拧紧状态

④ 更换过滤器滤筒（见表 2-20）。

表 2-20　更换过滤器滤筒

步骤	示意图	说明（步骤）
①关闭机床		工作液槽中还有电介质，并且电介质储液箱有压力时不要更换过滤器
②取下盖子		通过使用提供的手轮松开螺母 2，取下过滤器盖 3
③取出滤芯		使用拔出器凸缘取出脏的过滤器滤芯 5
④润滑密封圈		用 1 盎司（1 盎司 =28.350g）油脂润滑新过滤器的密封圈 4（上和下）
⑤装新滤芯		将新的过滤器滤芯装入中心管 6 中，螺旋转动以确保密封圈不会从罩中出来。拔出器凸缘必须向上放置
⑥检查密封圈		检查盖的密封圈（是否有切口、弯曲）
⑦放回盖子		放回盖子，确保密封圈正确就位

⑤填充电解质液槽（见表2-21）。

表 2-21　填充电解质液槽

步骤	示意图	说明（步骤）
①取后盖板	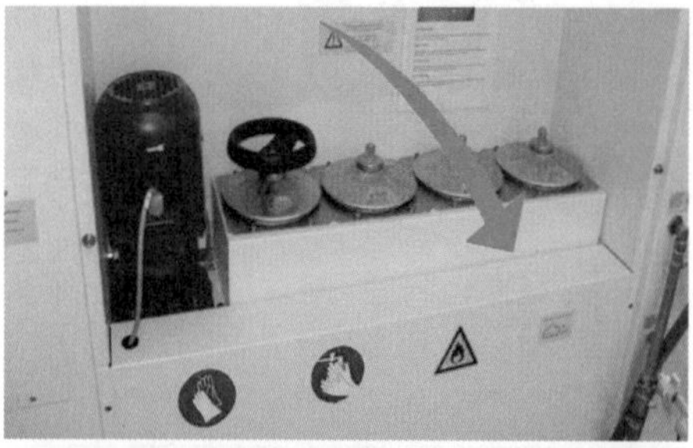 	取下机床的后盖板
②检查液箱		检查液箱液位。工作液液位必须刚好低于白色上限液位线A，液位线位于过滤器前面机床底座上
③加入新液		必要时加入新的工作液，并将其加满。工作液必须类型一致
④装后盖板		重新装上后盖板

⑥检查导轨润滑油泵（见表2-22）。

表 2-22　检查导轨润滑油泵

步骤	示意图	说明（步骤）
①打开后盖		打开泵侧的后盖1

步骤	示意图	说明（步骤）
②检查液位		检查润滑油储盒 2 的液位，必要时添加
③排空余油		取下机器的后盖板，排空多余油容器 3，容器固定在机座的右侧
④装上后盖		用内六角扳手旋紧螺钉，装上后盖

项目二　数控电火花成形机床基本操作与保养

⑦ 手动润滑自动液槽门导轨（见表 2-23）。

表 2-23 手动润滑自动液槽门导轨

步骤	示意图	说明（步骤）
①清洁润滑导轨		清洁并用 NBU15 油脂润滑工作液槽的导轨，为方便使用，取下机床左侧的盖子
②清洁润滑齿轮 / 齿条		清洁并用 NBU15 油脂润滑工作液槽齿条 / 齿轮。为方便使用，取下机床左侧的盖子
③清洁润滑导轨		清洁并用 NBU15 油脂润滑保护门的导轨。为方便使用，取下机床左侧的盖子

⑧ X、Y 和 Z 轴重新分配润滑油（见表 2-24）。

表 2-24　X、Y 和 Z 轴重新分配润滑油

步骤	示意图	说明（步骤）
X、Y 和 Z 轴重新分配润滑油		进行轴的快速运动，从一个极限到另一个极限的整个范围。此操作对于在整个丝杠和导轨长度上均匀地重新分配润滑油非常重要，可确保获得最佳的工作条件。通过手持操作盒多次将轴从一个极限位置移动到另一个极限位置

⑨ 清洁电气柜（见表 2-25）。

表 2-25　清洁电气柜

步骤	示意图	说明（步骤）
清洁电气柜		使用一个带适当附件的优质真空吸尘器对电气柜进行清洁。在清洁的同时，检查柜内的所有端子，尤其是那些电源变压器的端子，如果松开，则将其拧紧

（3）数控电火花成形机床保养记录表

数控电火花成形机床的日常保养和维护要做好记录，记录表如表 2-26 所示，对每日、每周、每月有进行保养的项目打"√"。

表 2-26　数控电火花成形机床维护保养记录表

必要时	每周一次 40h	每月一次 160h	每 3 月一次 500h	每 6 月一次 1000h	一年一次 2000h	维护保养内容
						更换过滤器滤筒
						设备的一般养护
						清洁夹头
						清洁直线换刀装置的叉具
						控制和调整压缩空气压力
						检查加工电缆和测量电缆

续表

必要时	每周一次 40h	每月一次 160h	每3月一次 500h	每6月一次 1000h	一年一次 2000h	维护保养内容
		■				气动回路放气
		■				加满电介质单元的液槽
			■			清洁温度传感器
			■			保护装置的定期控制
			■			清洁压缩空气过滤器
			■			清除过多的油脂
				■		X、Y 和 Z 轴重新分配润滑油
				■		检查电介质流量（冲洗）
				■		润滑，检查液位并装满
				■		检查 X、Y 和 Z 轴皮带
					■	机器的精确控制
					■	检查集电刷的磨损情况
					■	清洁电气柜
					■	排空、清洁和注满电介质液槽
					■	控制机床的水平

☕ 【任务评价】

根据掌握情况填写学生自评表，见表 2-27。

表 2-27　学生自评表

项目	序号	考核内容及要求	能	不能	其他
数控电火花成形机床维护与保养	1	设备的清洁维护			
	2	检查并调节压缩空气压力			
	3	检查电缆连接			
	4	更换过滤器滤筒			
	5	填充电解质液槽			
	6	检查导轨润滑油泵			
	7	手动润滑自动液槽门导轨			
	8	X、Y 和 Z 轴重新分配润滑油			
	9	清洁电气柜			
签名	学生签名（　　）			教师签名（　　）	

❓ 【任务反思】

总结归纳学习所得，发现存在问题，并填写学习反思内容，见表2-28。

表2-28 学习反思内容

类型	内 容
掌握知识	
掌握技能	
收获体会	
需解决问题	
学生签名	

✏️ 【课后练习】

一、判断题

（ ）1. 图标表示的是数控电火花成形机床工件坐标系。

（ ）2. "工件测量"时使用 G130 碰边测量方式只能完成零件 Z 轴定位。

（ ）3. 加工完成后，可以使用自来水清洗机床的工作台、工作液槽区域。

二、单项选择题

（ ）1. 工件校正前要检查 _____。

A. 电极的尺寸　　　B. 工件是否有毛刺　　　C. 电极的材料　　　D. 工件的材料

（ ）2. 在任意状态下按 _____，系统在屏幕中央弹出"坐标系"位置框。

A. F1　　　　　B. F2　　　　　C. F3　　　　　D. F4

（ ）3. 自动编程时，在 EDM 阶段设置加工粗糙度可按 _____ 键，调出粗糙度列表。

A. F1　　　　　B. F2　　　　　C. F3　　　　　D. F4

三、问答题

1. 你认为"机床坐标系"与"工件坐标系"有什么区别？

2. 请简述编程的流程包括哪些步骤。

3. 请简述更换过滤器滤筒的全过程？

项目三

数控电火花成形加工原理及工艺

电火花成形加工过程中材料是怎样被蚀除下来的？数控电火花成形加工所能达到的加工效果如何来进行评价呢？如何才能最终达到加工要求？如：要使用几个电极？使用什么工艺手段？

▶ 知识目标

① 能理解数控电火花成形加工的原理。
② 能正确评价数控电火花成形加工的应用优势、局限。
③ 能理解数控电火花成形加工工艺的内容。

▶ 技能目标

① 会分析一般复杂零件加工工艺。
② 会编制电火花成形机床零件加工工艺。
③ 能选择合适的电极材料，能选定合适的电极尺寸缩放量。

▶ 情感目标

① 培养学生在小组中较好的团队合作能力。
② 培养学生良好的安全意识。
③ 培养学生的责任心和严谨的工作态度。

建议课时分配表

名　　称	课时（节）
数控电火花成形加工原理及工艺	6
合计	6

通过本项目学习，理解数控电火花成形加工的原理，能正确评价该门加工技术的应用优势、局限，掌握数控电火花成形加工的工艺方法。

【知识技能】

知识点1 电火花加工的基本原理

大家都知道，传统的机械加工是利用刀具对工件的硬切削特点，依靠机械力来切削金属实现的加工，其实质是"以硬碰硬"。那么在工业生产中，有没有"以柔克刚"的加工方法呢？答案是肯定的。

电器开关每次开、合时，往往出现伴随着"噼啪"响声的蓝白色火花，使得开关的触点恶化。这种现象在日常生活中是比较常见的，但这种简单的现象却给予了人们启示。在20世纪40年代，苏联科学院士拉扎连柯夫妇率先进行深入研究，发明了一种新的金属去除方法——电火花加工。

电火花加工，英文 Electrical Discharge Machining，简称 EDM。电火花加工是通过脉冲放电微观过程中产生的高温（瞬间温度高达10000℃），熔化材料并蚀除材料的加工方法，如图3-1所示。该工艺的特征在于它可以加工所有导电的材料（钢、铝、硬质合金、钛合金、铜等），加工不受材料硬度的限制。

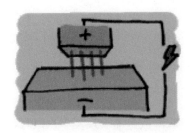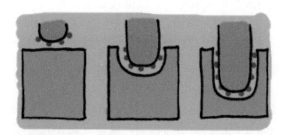

图3-1 电火花加工基本原理

（1）物理过程

电火花加工物理过程：在工作液中使电极与工件对好，通过主轴伺服系统保持一定的极间距离，脉冲电源就好像开关的开、闭一样，在电极与工件之间施加和切断电压。每次加电压时，在极间产生火花放电。脉冲放电发生在极间的最近点，最近点处的两极被电蚀出一个坑来，这时工件表面的最高峰变成凹谷，另一处又成为最近点被电蚀出坑来。这样以很高频率（1s成千上万次）地循环往复放电，结果使整个加工表面由无数个小凹坑所组成。工件表层形成放电凹坑，材料被逐渐除去。在这样反复的火花放电作用后，极间距离增大，伺服装置为保持一定的极间距离，使电极下降，反复作用之后，电极的轮廓，即截面形状，便复制在工件上。

电火花加工物理过程包括 6 个阶段，如图 3-2 所示。

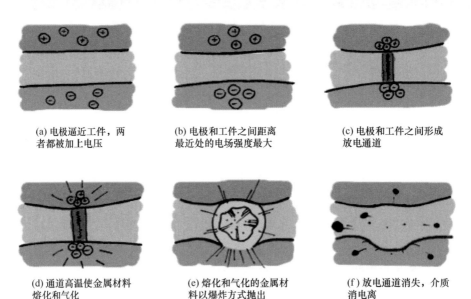

(a) 电极逼近工件，两者都被加上电压   (b) 电极和工件之间距离最近处的电场强度最大   (c) 电极和工件之间形成放电通道

(d) 通道高温使金属材料熔化和气化   (e) 熔化和气化的金属材料以爆炸方式抛出   (f) 放电通道消失，介质消电离

图 3-2　电火花加工物理过程

（2）电火花加工的条件

实现电火花加工应具备的条件。

① 电极和工件之间必须加以 60 ～ 300V 的脉冲电压，同时还需维持合理的间距即放电间隙。大于放电间隙，介质不能被击穿，无法形成火花放电；小于放电间隙，会导致积炭，甚至发生电弧放电，无法继续加工。

② 火花放电必须在有较高绝缘强度的液体介质中进行，这样既有利于产生脉冲性的放电，又能使加工过程中产生的电蚀产物及时从两极间隙中排出，使重复放电能持续进行，同时还能冷却电极和工件表面。

③ 输送到两极间脉冲能量应足够大。

④ 放电必须是短时间的脉冲放电。一般在 1μs ～ 1ms 之间。这样才能聚集电产生的热量局限在很小的范围内作用，保持火花放电的特性。脉冲放电需要反复多次进行，并且每次脉冲放电在时间上和空间上是分散的，避免发生局部烧伤。

知识点 2　**数控电火花成形加工的应用特点**

（1）数控电火花成形加工的应用优势

数控电火花成形加工适应生产发展的需要，在实际生产中具有诸多优势，因此得到了迅速发展和广泛应用。

数控电火花成形加工具有如下应用优势。

① 难切削材料的加工　因为材料的蚀除是靠放电的电热作用实现的，材料的加工性主要取决于材料的热学性质，如熔点、比热容、导热系数（热导率）等。这样，电极的硬度可以大大低于工件材料的硬度，可以突破传统切削加工对刀具的限制，实现用软的电极

加工硬韧的工件，如淬火钢、硬质合金钢、耐热合金钢等。目前电极材料多采用紫铜或石墨，因此电极较容易加工。

② 复杂形状的加工　由于可以简单地将电极的形状复制到工件上，因此特别适用于复杂形状工件的加工。如广泛应用于模具行业中复杂的小型腔、窄缝、沟槽、拐角等的加工。

③ 微细加工　由于加工中电极和工件不直接接触，两者间的宏观作用力小，没有机械加工的切削力，因此适宜加工低刚度工件及微细加工，如各种微小孔与微小型腔（尺寸可以是几 μm）。

④ 大深度加工　在需要进行大深度或者长径比特别大的型孔加工时，使用铣削加工时刀具难于达到，数控电火花成形加工就有它的优势了。

⑤ 表面加工　数控电火花成形加工只需调整加工参数，就能提供各种纹面的加工表面。目前有很多塑胶产品的表面要求使用火花纹面。

（2）数控电火花成形加工的局限性

数控电火花成形加工也具有一定的应用局限，具体如下：

① 只能加工导电材料　一般只能加工金属等导电材料。但最近研究表明，在一定条件下也可以加工半导体和聚晶金刚石等非导体超硬材料。

② 加工效率较低　加工速度相比机械切削加工要慢，一般要求安排工艺时采用机械加工去除大部分余量，然后再进行数控电火花成形加工以提高生产率。

③ 需要专门制造电极　通常加工什么样的形状就必须加工对应的电极，往往一个型腔还需要制作粗、精加工电极或者更多的电极，使得数控电火花成形加工其成本较高。

④ 工艺的缺陷　由于数控电火花成形加工靠电、热来蚀除金属，电极也会产生损耗，影响加工精度，并且电极损耗多集中在尖角处，电蚀产物在排除过程中与电极距离太小时会引起二次放电，形成加工斜度，影响成形精度，如图3-3所示。一般数控电火花成形加工能得到的最小角部半径等于加工间隙（通常0.02～0.3mm），若电极有损耗或采用平动、平动加工则角部半径还要增大。针对数控电火花成形加工的工艺缺陷，当前数控电火花成形机床通过全面改进脉冲电源的放电性能，以及配以一些工艺手段，使得这些工艺缺陷基本得到解决，如加工精度能达到 ±0.002mm，最小角部半径达到小于 0.005mm。

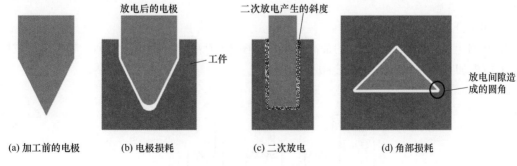

图 3-3　数控电火花成形加工的局限性

知识点 3　数控电火花成形加工常用术语

本节介绍了数控电火花成形加工常用的名词术语，这些术语是以后学习及交流的基础。

（1）脉冲宽度（μs）

脉冲宽度简称脉宽（也常用 ON、T_{ON} 等符号表示），是加到电极和工件上放电间隙两端的电压脉冲的持续时间，如图 3-4 所示。为了防止电弧烧伤，数控电火花成形加工只能用断断续续的脉冲电压。脉宽对电极损耗影响显著，较大的脉宽可以减小放电加工中的电极损耗。

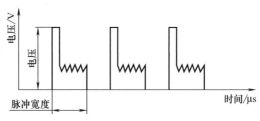

图 3-4　脉冲宽度示意图

（2）脉冲间隙（μs）

脉冲间隙简称脉间（也常用 OFF、T_{OFF} 表示），它是两个电压脉冲之间的间隔时间，如图 3-5 所示。间隔时间过短，放电间隙来不及消电离和恢复绝缘，容易产生电弧放电，烧伤电极和工件；脉间选得过长，将降低加工生产率。

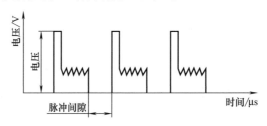

图 3-5　脉冲间隙示意图

（3）峰值电流（A）

峰值电流是间隙火花放电时脉冲电流最大值（瞬时），它是影响加工速度、表面质量工艺指标的重要参数。精加工时小，粗加工时大，间隙偏开路时小，间隙合理或偏短路时则大。

（4）开路电压 (V)

开路电压是施加在电极上的最高电压，如图 3-6 所示。开路电压越高，越容易形成稳定的放电加工，开路电压一般在 80 ～ 300V。

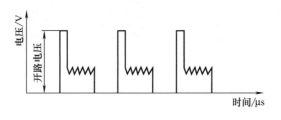

图 3-6　开路电压示意图

（5）火花维持电压

火花维持电压是每次火花击穿后，在放电间隙上火花放电时的维持电压，如图 3-7 所

电火花成形机床操作与加工

示。它实际是一个高频振荡的电压。

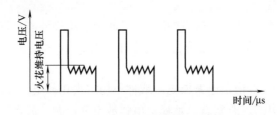

图 3-7　火花维持电压示意图

（6）击穿延时（μs）

从间隙两端加上脉冲电压后，一般均要经过一小段延续时间，工作液介质才能被击穿放电，这一小段时间称击穿延时，如图 3-8 所示。击穿延时与平均放电间隙的大小有关，电极欠进给时，平均放电间隙大，击穿延时就大；反之电极过进给时，放电间隙小，击穿延时就小。

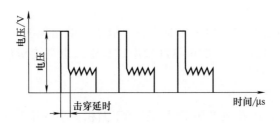

图 3-8　击穿延时示意图

（7）放电状态

放电状态指电火花加工中放电间隙内每一个脉冲放电时的基本状态。一般分为五种放电状态和脉冲类型，如图 3-9 所示。

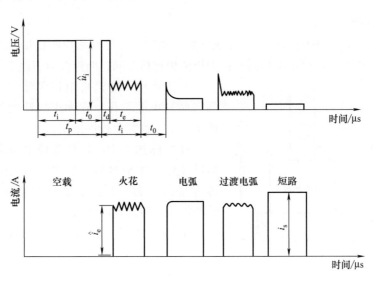

图 3-9　脉冲参数与脉冲电压、电流波形

① 开路（空载脉冲） 放电间隙没有击穿，间隙上有大于 50V 的电压，但间隙内没有电流流过，为空载状态。

② 火花放电（工作脉冲，或称有效脉冲） 间隙内绝缘性能良好，工作液介质被击穿后能有效地抛出、蚀除金属。其波形特点是电压上有 t_d、t_e 和 i_e 波形上有高频振荡的小锯齿。

③ 过渡电弧放电（不稳定电弧放电，或称不稳定火花放电） 过渡电弧放电是正常火花放电与稳定电弧放电的过渡状态，是稳定电弧放电的前兆。波形特点是击穿延时很小或接近于零，仅成为一尖刺，电压电流表上的高频分量变低或成为稀疏的锯齿形。

④ 电弧放电（稳定电弧放电） 由于排屑不良，放电点集中在某一局部而不分散，局部热量积累，温度升高，恶性循环，此时火花放电就成为电弧放电。由于放电点固定在某一点或某一局部，因此称为稳定电弧，常使电极表面积炭、烧伤。电弧放电的波形特点是 t_d 和高频振荡的小锯齿基本消失。

⑤ 短路（短路脉冲） 放电间隙直接短路，这是由于伺服进给系统瞬时进给过多或放电间隙中有电蚀产物搭接所致。间隙短路时电流较大，但间隙两端的电压很小，没有蚀除加工作用。

以上各种放电状态在实际加工中是交替、概率性地出现的（与加工规准和进给量、冲油、污染等有关），甚至在一次单脉冲放电过程中，也可能交替出现两种以上的放电状态。

（8）面积效应

面积效应指数控电火花成形加工时，随加工面积大小变化而加工速度、电极损耗比和加工稳定性等指标随之变化的现象。

（9）深度效应

随着加工深度增加而加工速度和稳定性降低的现象称深度效应。

知识点 4 电火花加工的两个重要效应

（1）极性效应

电火花加工时，两极的材料被腐蚀量是不相同的，这种现象叫作极性效应。如果两极材料相同，被腐蚀量也是不相同的；如果两极材料不同，则极性效应就更加复杂。

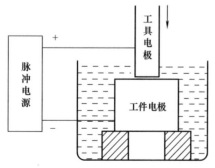

图 3-10 通常加工用的"正极性"接线法

在生产中，通常将电极接脉冲电源正极，工件接脉冲电源负极，称为正极性加工，如图 3-10 所示，反之称为负极性加工。

在实际加工中，极性效应受到电参数、单个脉冲能量、电极材料、加工介质、电源种类等多种因素的影响。下面主要介绍电参数脉冲宽度、脉冲能量对极性效应的影响。

① 脉冲宽度（简称脉宽） 在电场作用下，通道中的电子奔向阳极，正离子奔向阴极。由于电子质量轻，惯性小，在短时间内容易获得较高的运动速度；而正离子质量大，不易加速，故在窄脉冲宽度时，电子动能大，电子传递给阳

极的能量大于正离子传递给负极的能量，使阳极（+）蚀除量大于阴极（-）蚀除量。在实际加工中为了降低电极的损耗，这时应采用负极性加工。

而在大脉宽时，正离子有足够的时间加速从而可获得较高的速度，而且质量又大，轰击阴极的动能较大。因此，正离子传递给阴极的能量超过了电子传递给阳极的能量，阴极（-）的蚀除量便大于阳极（+）蚀除量。在实际加工中为了降低电极的损耗，这时应采用正极性加工。表3-1描述了脉宽与极性效应的关系。

表3-1　脉宽与极性效应的关系

两极	该极产生的粒子	粒子的特性	窄脉宽的效应	大脉宽的效应
正极（+）	正离子	正离子质量大，惯性大，在短时间内不容易获得较高的运动速度	只有一小部分能够到达负极表面，而大量的正离子不能到达	正离子有足够的时间到达负极表面，对负极表面的轰击破坏作用要非常强
负极（-）	电子	电子质量轻，惯性小，在短时间内容易获得较高的运动速度	大量的电子奔向正极，并轰击正极表面，使正极表面迅速熔化和气化	电子虽有足够的时间到达正极表面，但对正极表面的轰击破坏作用并不强

②脉冲能量　随着放电能量的增加，尤其是极间放电电压的增加，每个正离子传递给阴极的平均动能增加，电子的动能虽然也随之增加，但当放电通道很大时，由于电位分布变化引起阳极区电压降低，阻止了电子奔向阳极，减少了电子传递给阳极的能量，使阴极能量大于阳极能量，即脉冲能量大时阴极的蚀除量大于阳极蚀除量。

在电火花加工过程中，必须充分利用极性效应，合理选择加工极性，以提高加工速度和减少电极损耗。

（2）覆盖效应

在电火花加工过程中，电蚀产物在两极表面转移，形成一定厚度的覆盖层，这种现象叫覆盖效应。

如图3-11所示，电极在加工后其加工部位产生一层黑色的覆盖层。在油类介质中加工时，覆盖层主要是石墨化的碳素层，其次是粘附在电极表面的金属微粒结层。

①碳素层的生成条件。

a.要有足够高的温度　电极上待覆盖的表面温度不低于碳素层的生成温度，但低于熔点，以使碳粒子烧结成石墨化的耐蚀层。

b.要有足够多的电蚀产物，尤其是介质的热解产物——碳粒子。

图3-11　覆盖效应

c.要有足够的时间，以便在表面上形成一定厚度的碳素层。

d.采用正极性加工，因为碳素层易在阳极表面生成。

e. 必须在油类介质中加工。

② 影响覆盖效应的主要因素。

a. 脉冲能量与波形的影响　增大放电加工能量有助于覆盖层的生长，但宽脉冲、大电流对中、精加工有相当大的局限性，减小脉冲间隙则有利于在各种规准下生成覆盖层。但间隔过小则有转变为电弧放电的危险，采用某些组合脉冲如矩形波派生出来的梳形波及各种叠加脉冲波形也有助于覆盖层的生成。

b. 材料组合的影响　铜打钢时覆盖效应比较明显，但铜打硬质合金却不容易生成覆盖层。

c. 工作液介质的影响　油类工作液在放电产生的高温作用下，生成大量的碳粒子，有助于碳素层的生成。如果用水做工作液，则不会产生碳素层。

d. 工艺条件的影响　工作液介质脏，介质处于液相与气相混合状态，间隙过热，放电在间隙空间分布较集中，电极截面大，电极间隙较小，加工较稳定等，均有助于生成覆盖层。间隙中工作液的流动影响也很大，冲油压力过大会破坏覆盖层的生成。

合理利用覆盖效应，有利于降低电极损耗，甚至可做到"无损耗"加工。但如处理不当，出现过覆盖现象，将会使电极尺寸在加工中超过了加工前的尺寸，反而破坏了加工精度。

知识点 5　数控电火花成形加工工艺指标

数控电火花成形加工的主要工艺指标有加工速度、电极损耗、表面质量、加工精度，用于对数控电火花成形加工进行综合评价。

（1）加工速度

一般数控电火花成形加工的加工速度，是指在一定电规准下，单位时间 t 内工件被蚀除的体积 V，即体积加工速度 v_w

$$v_w = V/t \, (\text{mm}^3/\text{min})$$

数控电火花成形加工是靠电腐蚀累积去除材料，因此在通常情况下其加工速度要远远低于机械加工（如铣削加工）的加工速度。

（2）电极损耗

在数控电火花成形加工中，电极损耗直接影响数控电火花成形加工精度。电极损耗分为绝对损耗和相对损耗。

绝对损耗最常用的是体积损耗 V_e 和长度损耗 V_{eh} 两种方式，它们分别表示在单位时间内，电极被蚀除的体积和长度。即：

$$V_e = V/t \, (\text{mm}^3/\text{min})$$

$$V_{eh} = H/t \, (\text{mm/min})$$

相对损耗是电极绝对损耗与工件加工速度的百分比。

通常采用长度相对损耗比较直观，测量也比较方便。在数控电火花成形加工中，电极的不同部位，其损耗速度也不相同。一般尖角的损耗比钝角快，角的损耗比棱快，棱的损耗比面快，而端面的损耗比侧面快，端面的边缘损耗比端面的中心部位快。如图 3-12 所示。

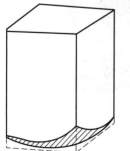

图 3-12　电极各部分损耗示意图

（3）表面质量

① 表面粗糙度　表面粗糙度是指加工表面上的微观几何形状误差。对电加工表面来讲，即是加工表面放电痕——坑穴的聚集。在相同粗糙度的情况下，电加工表面比机加工表面亮度低。

国家标准规定常用三个指标来评定表面粗糙度：轮廓的算术平均偏差 Ra、轮廓微观不平度的平均间距 Rsm 和轮廓最大高度 Rz。在实际生产中多用 Ra 指标。轮廓的最大高度 Rz 在日本等国外常用 R_{max} 符号来表示，欧美也常用 VDI 指标。在实际生产中，一般用表面粗糙度测量仪来进行测量，如图 3-13 所示。有时也用表面粗糙度样板比较来评定。

图 3-13　表面粗糙度测量仪

在数控电火花成形加工中，表面粗糙度与加工速度是一对矛盾的指标，要获得好的表面粗糙度，加工速度就很低。尤其是要获得小于 Ra 为 0.8μm 的表面粗糙度，越是精细要求，加工速度将会成倍地大幅度降低。

② 表面力学性能

a. 显微硬度及耐磨性　一般来说，数控电火花成形加工表面外层的硬度比较高，耐磨性好。但对于滚动摩擦，由于是交变载荷，尤其是干摩擦，因熔化层和基体结合不牢固，容易剥落而磨损。因此，有些要求较高的模具需把数控电火花成形加工后的表面变化层预先研磨掉。

b. 残余应力　电火花加工的表面存在着由于瞬时先热后冷作用而形成的残余应力，而且大部分表现为拉应力。残余应力大小和分布，主要与材料在加工前热处理的状态及加工时的脉冲能量有关。因此对表面层质量要求较高的工件，应尽量避免使用较大的加工规准，同时在加工中一定要注意工件热处理的质量，以减少工件表面的残余应力。

c. 疲劳性能　电火花加工后，工件表面变化层金相组织的变化，会使耐疲劳性能比机械加工表面低许多倍。采用回火处理、喷丸处理甚至去掉表面变化层，将有助于降低残余应力或使残余拉应力转变为压应力，从而提高其耐疲劳性能。采用小的加工规准是减小残余拉应力的有力措施。

（4）加工精度

数控电火花成形加工精度主要包括尺寸精度、位置精度和仿形精度。

① 尺寸精度　尺寸精度指数控电火花成形加工完成后各部位形状尺寸的准确程度，如图 3-14 所示。满足尺寸精度的条件是符合尺寸公差要求。由于数控电火花成形加工的表面是由一层微小的放电痕组成的，如果后续需要进行抛光处理，在考虑尺寸精度时要计算抛光余量，而直接用于装配的尺寸应以实测为主。

② 位置精度　指数控电火花成形加工的形状相对工件上某几何参照的尺寸准确度

（如图 3-15 所示，标注的是加工位置尺寸），评价加工位置有无偏差。

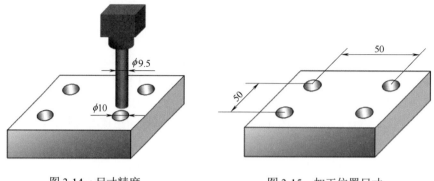

图 3-14　尺寸精度　　　　　　　　　　　图 3-15　加工位置尺寸

③ 仿形精度　仿形精度是指数控电火花成形加工完成部位的形状与加工要求形状的符合情况。

温度对加工精度的影响。

① 温度变化对尺寸的影响如图 3-16 所示。

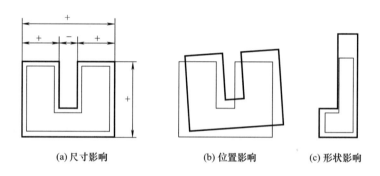

(a) 尺寸影响　　　　　　　(b) 位置影响　　　　　　(c) 形状影响

图 3-16　温度变化对尺寸的影响

② 铜的膨胀系数如图 3-17 所示。

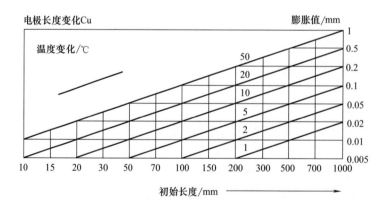

图 3-17　铜的膨胀系数

举例：

电极长度：200mm

温度变化：10℃

膨胀值：0.05mm

③ 钢的膨胀系数，如图 3-18 所示。

举例：

工件长度：200mm

温度变化：10℃

膨胀值：0.02mm

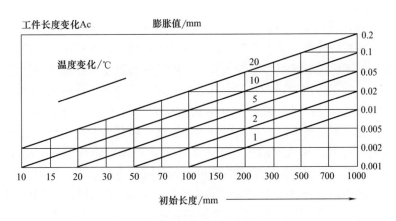

图 3-18　钢的膨胀系数

对于使用精密数控电火花成形机床进行加工，安装场所的温度非常重要。精密数控电火花成形机床可运行的温度范围为 15 ～ 35℃。对于微米级高精密加工来说，温度要求为 20℃，空调系统全天保持恒定温度 ±1℃，波动小于 0.5℃ /h。

知识点6　关于电极与电火花工作液

（1）电极材料

从理论上讲，任何导电材料都可以作电极。在实际加工中，应综合考虑各个方面因素，选择最合适的材料作电极。电极材料必须具有放电稳定、加工效率高、损耗小、加工成形容易、材料来源丰富、价格便宜等特点。目前常用的电极材料有：紫铜（纯铜）、石墨、铜钨合金等。

① 紫铜电极材料　紫铜是数控电火花成形加工中应用最广泛的电极材料。因为电极大部分都采用铜加工，所以在沿海地区把数控电火花成形加工的电极叫铜公。

紫铜电极材料在数控电火花成形加工中的优势：材料塑性好，可机械加工成形、锻造成形、电铸成形及电火花线切割成形等，能制成各种复杂的电极形状；在数控电火花成形加工过程中，物理性能稳定，能比较容易获得稳定的加工状态，不容易产生电弧等不良现象，在较困难的条件下也能稳定加工；精加工中采用低损规准可获得轮廓清晰的型腔；因组织结构致密，加工表面光洁度高，配合一定的工艺手段和电源后，可进行镜面超光加工。

紫铜电极材料在数控电火花成形加工中的不足：因材料熔点低（1083℃），不宜承受较大的电流密度，一般不能超过30A电流的加工，否则会使电极表面严重受损、龟裂，影响加工效果；热膨胀系数较大，在加工深窄筋位部分，较大电流下产生的局部高温很容易使电极发生变形；紫铜电极通常采用低损耗的加工条件，由于低损耗加工的平均电流较小，其生产率不高，故常对工件进行预加工。

紫铜电极材料的适用范围：紫铜电极适合较高精度模具的数控电火花成形加工，像加工中、小型型腔，花纹图案，细微部位等均非常适合。

② 石墨电极材料　石墨也是数控电火花成形加工常用的电极材料。近年来，由于国内外石墨生产企业大力推广EDM用的石墨，石墨的优越性逐渐地被大家认识和接受，越来越多地把它当作电极材料使用。

石墨电极材料在数控电火花成形加工中的优势：机械加工性能优良，其切削阻力小，容易磨削，很容易制造成形，无加工毛刺，做成整体电极时，存在种种隐性清角，由于石墨易修整的特性，使这一难题很容易得到解决；能适应数百安电流的放电脉冲能量，在大电流的粗加工中，加工速度快，电极损耗小；密度小，只有紫铜材料的1/5，使得大型电极制作和准备作业更容易；对于超高（50～90mm）、超薄（0.2～0.5mm）的电极，数控电火花成形加工中时不易变形；石墨电极材料的价格一般是紫铜电极材料的1/2。

石墨电极材料在数控电火花成形加工中的不足：在排屑困难的加工情况下，比紫铜更容易产生异常电弧，给加工造成不良的结果；为了减少电极损耗，当把放电的脉冲宽度值设大些时，电极棱边部分就会生成突起物，使加工形状受到破坏；石墨电极CNC加工时产生的灰尘比较大，粉尘有毒性，这就要求机床应有相应的处理装置，必须要有专门的石墨加工机，机床密封性要好。

石墨电极材料的适用范围：石墨电极特别适用于加工蚀除量较大的型腔，在大面积加工情况下能实现低损耗、高速粗加工，像在大型塑料模具、锻模、压铸模等模具的数控电火花成形加工中可发挥其独特的加工优势。石墨材料的电极因其重量轻，常用于大型电极的制造，热变形小，是用于加工精度要求高的深、窄缝条的首选材料。

③ 铜钨合金电极材料　铜钨合金电极材料在数控电火花成形加工中使用较少，只有在高精密模具及一些特殊场合的数控电火花成形加工中才常被采用。常用的铜钨合金电极材料含钨（W）成分为75%、含铜（Cu）成分为25%。

铜钨合金电极材料在数控电火花成形加工中的优势：由于含钨量高，熔点将近3400℃，可以有效地抵御数控电火花成形加工时的损耗，能保证极低的电极损耗；在极困难的加工条件下也能实现稳定的加工，能加工出高品位的表面；强度和硬度高，制作细小电极比紫铜材料更容易保证边角的形状。

铜钨合金电极材料在数控电火花成形加工中的不足：铜钨合金电极材料来源困难，价格昂贵。

铜钨合金电极材料的适用范围：加工电子接插件类高精度模具时，对细微部分的形状（如深长直壁孔、复杂小型腔）要求很严格，这就要求加工中电极的损耗必须极小，选用铜钨合金材料来制造电极是加工技术的基本要求。铜钨合金电极也适合用来加工普通电极难以加工的金属工件，铜钨合金电极针对钨钢，高碳钢，耐高温超硬合金金属，因普通电极损耗大，速度慢，铜钨合金电极是首选材料。

电极材料使用性能对比表如表3-2所示。

表 3-2　电极材料使用性能对比表

对比项	石墨	紫铜	铜钨合金
材料规格	粗石墨，颗粒＞10μm 中石墨，颗粒5～8μm 细石墨，颗粒＜5μm	含铜的纯度	铜钨比例
铣削电极效率	效率高	一般	低
电极制作要求	铣削有粉尘，需要专门的CNC	无特别要求	无特别要求
放电加工效率	效率高，粗加工能承受大电流加工	一般	一般
加工表面粗糙度	精细表面加工不足	好，可获得镜面加工	较好
电极损耗	粗加工电极损耗小 精细加工电极容易损耗	大电流粗加工损耗大 精加工损耗小	精加工损耗极小
大电极重量	轻	重	很重
是否需要去毛刺	无毛刺	容易产生毛刺	有毛刺
薄片电极加工	很适合	有发生变形风险	有发生变形风险
对温度敏感	不敏感	敏感	敏感
材料价格	一般	一般	贵
应用类型	大多场合；大电极加工；窄缝加工	大多场合；高光洁度加工	微细加工

（2）电极尺寸缩放量

电火花加工过程中工件与电极之间存在放电间隙。为了得到符合要求的加工尺寸，电极尺寸要比欲加工型腔的尺寸小，即对电极缩放一定的尺寸，缩小的尺寸称为电极尺寸缩放量。如图 3-19 所示，电极双边缩放量 $=b-a$，电极单侧缩放量 $=(b-a)/2$，FORM 机床加工准备页面的"电极"清单中定义的电极尺寸缩放量为单边值。

确定电极尺寸缩放量主要考虑的因素：加工面积、加工量与加工形状精度要求，以及电极与工件材质。电极尺寸缩放量在很大程度上决定了加工速度。如果放电能量较大，放电间隙也会较大；反之相反。较大放电能量的加工速度也就会快。如果电极尺寸缩放量加大，加工速度也会成倍加快，如图 3-20 所示。

① 粗加工的电极尺寸缩放量一般取 0.2～0.35mm/ 单边，精加工的电极尺寸缩放量一般取 0.1～0.15mm/ 单边。

② 加工面积大，电极尺寸缩放量要取大一些。

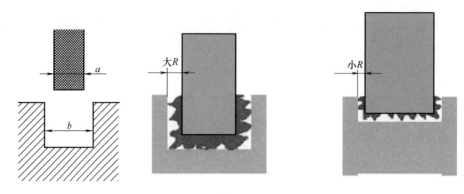

图 3-19　电极尺寸缩放量　　　　图 3-20　电极尺寸缩放量与加工速度的关系

③ 加工余量大的情况，电极尺寸缩放量要取大一些。

④ 深度值较大，电极尺寸缩放量应取大一些，以避免粗加工效率偏低及二次放电造成工位口部尺寸超差。

⑤ 形状要求高的精密加工类型，电极尺寸缩放量不能取的太大。

⑥ 工件材质为硬质合金时，实际加工中放电间隙大约只有钢材质工件的一半，故确定的电极缩放量也要小些。

（3）电火花工作液

① 电火花工作液的作用　电火花工作液的作用主要如下。

a. 压缩放电通道，并限制其扩展，使放电能量高度集中在极小的区域内，既加强了蚀除的效果，又提高了放电仿形的精确性。

b. 加速电极间隙的冷却和消电离过程，有助于防止出现破坏性电弧放电。

c. 加速电蚀产物的排除。

d. 加剧放电的流体动力过程，有助于金属的抛出。

② 电火花工作液的要求　从电火花工作液的作用来看，为了满足加工要求，用于数控电火花成形加工的工作液必须满足一定的性能、达到一定的指标。数控电火花成形加工要求工作液的性能。

a. 低黏度　冷却性好，流动性好，加工屑容易排出。

b. 高闪火点、高沸点　闪火点高，不易起火；沸点高，不易气化、损耗。

c. 绝缘性好　以维持电极与工件之间适当的绝缘强度。

d. 臭味小　加工中分解的气体无毒，对人体无害，当然无分解气体最好。

e. 对加工件不污染、不腐蚀。

f. 氧化安全性要好，寿命长。

g. 价格要便宜、便于选用、更换。

知识点 7　数控电火花成形加工的工艺方法

数控电火花加工工艺方法的内容较多，主要有数控平动成形工艺、单电极直接成形工艺、多电极更换成形工艺、分解电极成形工艺、数控多轴联动成形工艺等，选择时要根据工件成形的技术要求、复杂程度、工艺特点、机床类型及脉冲电源的技术规格、性能特点而定。

（1）数控平动成形工艺

数控电火花加工机床具有 X、Y、Z 等多轴数控系统，电极和工件之间的运动就可多种多样。利用工作台或滑枕／滑板按一定轨迹在加工过程中做微量运动，通常将这种加工称作平动加工。通常一个完整的平动加工过程如图 3-21 所示。

① 无平动阶段　放电加工的一个条件，通过大能量的放电来尽可能多地去除材料，提高加工效率。主要将垂直方向的材料去除，加工后表面粗糙，需要预留安全余量。

② 中间平动阶段　电火花加工的平动阶段包括多个步骤的设置（有 2～20 个步骤），逐步降低放电能量，电极做垂直与水平方向的放电加工，以接近最终尺寸，修光表面。

③ 最终平动加工　通过最终的平动加工达到要求的表面粗糙度与尺寸要求。

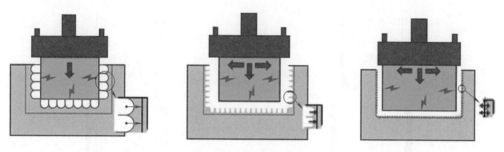

图 3-21　平动加工过程

数控平动成形工艺可以与前面介绍的几种成形工艺一起综合应用。由于平动轨迹是靠数控系统来控制的，所以具有灵活多样的模式，能适应复杂形状加工的需要。

数控平动加工具有以下一些作用。

① 可逐步修光侧面和底面。如图 3-22 所示，由于在所有方向上发生均匀的放电，可以得到均匀微细的加工表面。

② 可以精确控制尺寸精度，通过改变平动量，可以容易地得到指定的尺寸，提高加工精度。

③ 可加工出清棱、清角的侧壁和底边，如图 3-23 所示。

④ 变全面加工为局部加工，改善加工条件，有利于排屑和稳定加工，可以提高加工速度。

⑤ 由于尖角部位的损耗小，电极根数可以减少，如图 3-24 所示。

⑥ 可以加工型腔侧壁上的凹槽，如图 3-25 所示。

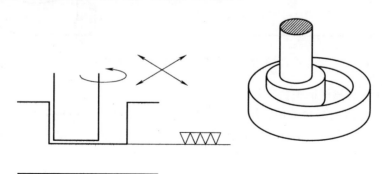

图 3-22　平动加工修光侧面和底面

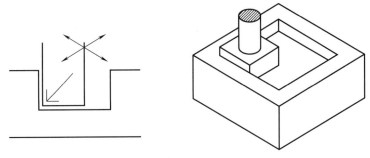

图 3-23 平动加工清棱、清角

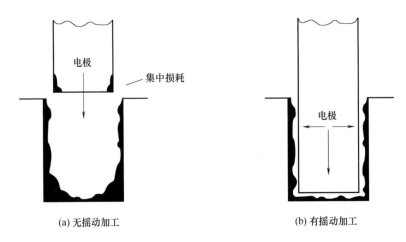

(a) 无摇动加工

(b) 有摇动加工

图 3-24 平动加工减小电极损耗

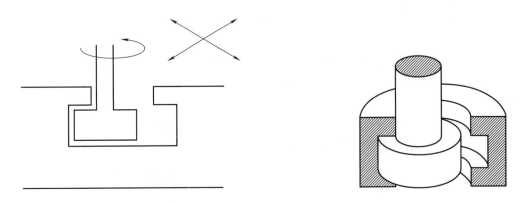

图 3-25 平动加工型腔侧壁上的凹槽

（2）单电极直接成形工艺

单电极直接成形工艺是指数控电火花成形加工中只用一只电极来加工出所需的型腔部位。这种工艺方法操作简单，整个加工过程只需要一只电极，不需要进行重复的装夹操作，提高了操作效率，节省了电极制造成本。适用于下列几种情况。

① 用于没有精度要求的数控电火花成形加工场合。例如用电火花加工折断于工件中的钻头、丝锥等。

② 用于加工形状简单、精度要求不高的型腔，加工经过预加工的型腔。例如大型模具或一些精度要求不高的模具的电火花加工，模具零件的大多数成形部位没有精度要求，电火花加工后电极损耗的残留部位完全可以通过钳工的修整来达到加工要求。

③ 用于加工深度很浅或加工余量很小的型腔。由于加工量不大，所以电极的相对损耗很小，用一只电极进行加工就能满足加工精度要求。像一些花纹模、模具表面图案的加工。另外，目前应用高速铣技术能完成模具零件大多数部位的加工，但因为刀具及加工形状的原因，有些部位不能加工到位，要求留下很小的加工余量给电火花加工来完成，像这样的"清角加工"非常适合选择单电极直接成形工艺。

④ 采用一只电极，用数控电火花加工机床进行平动加工，首先采用低损耗、高生产率的粗规准进行加工，然后利用平动按照粗、中、精的顺序逐级改变电规准、加大电极的平动量，以补偿前后两个加工规准之间型腔侧面放电间隙差和表面微观不平度差，实现型腔侧面仿形修光，完成整个型腔模的加工。这种方法的仿形精度不太高。

⑤ 如果加工部位为贯通形状，则可以加大电极的进给深度，用一只电极通过贯通延伸加工，就可弥补因电极底面损耗留下的加工缺陷，如图3-26所示。加工有斜度的型腔，电极在作垂直进给时，对倾斜的型腔表面有一定的修整、修光作用，通过多次加工规准的转换，不用平动加工方法就可以用一只电极修光侧壁，达到加工目的，如图3-27所示。

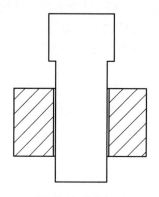

图 3-26　贯通加工

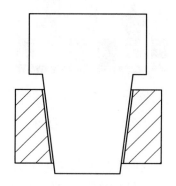

图 3-27　斜度加工

（3）多电极更换成形工艺

实际生产中使用一个粗加工电极和一个精加工电极（甚至更多），如图3-28所示，使用多个电极进行模具加工，其目的在于达到较高的表面质量及尺寸精度要求。

① 采用平动加工　在大多数情况下，多电极更换成形工艺需要配合平动工艺来加工。采用平动工艺，可以改善加工中放电的稳定性，尤其是在精电极加工中，由于加工的电蚀能力很弱，如果不采用平动工艺，则很容易引发放电不稳定的

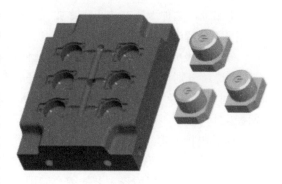

图 3-28　多电极更换成形工艺

情况，因此可以将精加工电极的缩放尺寸适当做大些，采用平动工艺进行加工，但在仿形精度要求较高的加工中，尺寸缩放量不能选得过大。一般粗加工电极的尺寸缩放量取

$0.3 \sim 0.2$ mm，精加工电极的尺寸缩放量取 $0.12 \sim 0.06$ mm。

　　a. 粗加工电极阶段　如图 3-29 所示，粗加工电极使用一个大能量的放电条件垂直加工。第一个放电条件加工到设定位置后，实际上凹陷处与虚线绘制的最终尺寸存在较大差异。为了改善表面质量和更接近型腔的最终尺寸，这个粗加工电极也需要做平动加工。在粗加工电极执行平动加工后（通常会有几个中间设置），我们可以看到表面质量得到进一步改善，并且与最终尺寸之间的差异也越来越小。

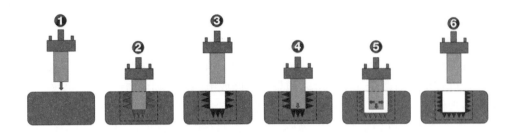

图 3-29　粗加工电极阶段

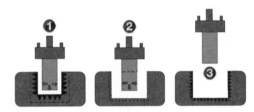

　　b. 精加工电极阶段　如图 3-30 所示，更换精加工电极后，电极能快速地进入型腔，很快地进入精加工平动阶段，经过多段精修后，最终达到所要求的表面质量和精确的几何尺寸。

图 3-30　精加工电极阶段

　　② 不采用平动加工　在不采用平动工艺的加工中，精加工电极的尺寸缩放量一般取得比较小，可以提高加工的复制精度。但因是小间隙加工，只能用在细小或较浅的加工部位。

　　多电极更换成形工艺要求多个电极的一致性要好、制造精度要高。另外，更换电极的重复装夹、定位精度要高。目前，采用高速铣制造电极可以保证电极的高精度要求，使用基准球测量的定位方法可以保证很高的定位精度，快速装夹定位系统可以保证极高的重复定位精度，因此，多电极更换成形工艺能达到很高的加工精度，非常适宜于精密零件的电火花加工，这种工艺方法在实际加工中被广泛采用。

　　（4）分解电极成形工艺

　　分解电极成形工艺是根据型腔的几何形状，把电极分解成主型腔电极和副型腔电极分别制造，分别使用。主型腔电极一般完成去除量大、形状简单的主型腔加工，见图 3-31（a）；副型腔电极一般完成去除量小、形状复杂（如尖角、窄槽、花纹等）的副型腔加工，见图 3-31（b）。

　　分解电极成形工艺是单电极直接成形工艺和多电极更换成形工艺的综合应用。它的工艺灵活性强，仿形精度高，适用于尖角窄缝、沉孔、深槽多的复杂型腔模具加工，图 3-32 所示是分解电极成形工艺的综合应用。

　　分解电极成形工艺的优点是可以根据主、副型腔电极不同的加工条件，选择不同的加工规准，有利于提高加工速度和改善加工表面质量，能分别满足型腔各部分的要求，保证模具的加工质量。同时还可以简化电极制造的复杂程度，便于修整电极。重点是必须保证更换电极时主型腔和副型腔电极之间要求的位置精度。

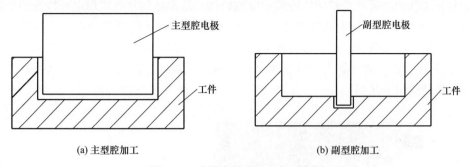

(a) 主型腔加工　　　　　　　　　　(b) 副型腔加工

图 3-31　分解电极成形工艺示意图

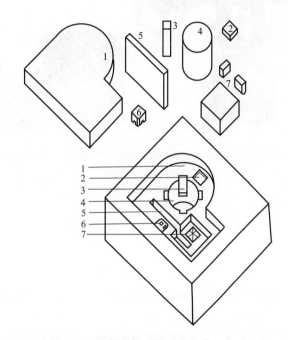

图 3-32　分解电极成形工艺的综合应用

1—大的加工区；2—不同的粗糙度；3—不同的正方向；4—大的体积差异；

5—困难的加工部件；6—复杂的部件；7—合成的部件

（5）数控多轴联动成形工艺

数控电火花多轴联动成形工艺是针对简单的电火花单轴工艺来说的，是指机床的 X、Y、Z、C 等轴中的几个轴（至少有三个轴）能同时联动，电极和工件之间的相对运动就可以复杂多样。可以从以下两方面来认识数控电火花多轴联动成形工艺。

一方面，多轴联动成形工艺可以实现以简单电极加工出复杂零件，类似于多轴联动的数控铣削，仿铣加工平面轮廓曲线和三维空间复杂曲面。这种数控电火花成形加工工艺能加工机械切削难以加工的材料，如：高温耐热合金、钛合金等。这种工艺的应用存在的主要缺陷是，电火花加工中存在较大的电极损耗，并且加工效率低下，其应用领域受到很大局限。

另一方面，多轴联动成形工艺是与单轴加工（垂直加工、横向加工）不同的一种加工方式，它是利用成形电极来进行电火花复制加工。与单轴加工的不同之处在于加工运动轨迹是多个轴联动，可以是斜线轨迹或者曲线轨迹，从而达到复制成形电极特征的工艺方法。如图3-33所示为数控电火花加工机床多轴联动加工斜齿轮型腔的应用。斜齿轮型腔加工中，Z轴与C轴联动，随着Z轴的伺服加工，C轴跟着偏摆一个角度伺服加工，从而将斜齿电极的特征复制到型腔。另外像使用C轴加工螺纹、斜向加工、圆弧插补加工都属于多轴联动成形工艺。

图3-33　多轴联动加工斜齿轮型腔加工

✎【课后练习】 ···

一、判断题

（　　）1. 数控电火花成形加工特别适宜加工超硬度、超强度的材料、热敏材料和特殊性能的金属和非金属。

（　　）2. 在数控电火花成形加工中，表面粗糙度与加工速度是一对矛盾的指标。

（　　）3. 选择的火花油的黏度越大，电火花精加工的性能越好。

二、单项选择题

（　　）1. 材料电腐蚀过程大致可分成三个连续的过程：介质击穿和通道形成；能量转换、传递和_____过程。

A. 电蚀产物抛出　　　　B. 放电　　　　　　C. 化学反应　　　　　D. 冷却

（　　）2. 在高精度的数控电火花成形加工时，以下哪种电极材料的电极损耗最低_____。

A. 石墨　　　　　　　　B. 铜　　　　　　　C. 黄铜　　　　　　　D. 铜钨合金

（　　）3. 在同等电流的情况下，下列哪个放电参数对数控电火花成形加工的电极损耗影响最大。

A. 击穿延时　　　　　　B. 脉冲宽度　　　　C. 脉冲间隙　　　　　D. 开路电压

三、问答题

1. 请简述放电加工的物理过程。

2. 数控电火花成形加工的主要工艺指标有哪几个？

3. 常见的数控电火花成形加工工艺方法有哪些？

数控电火花成形机床零件加工

本项目是全书的重点，共分为以下 6 个学习任务：

任务 1 表面型腔放电加工；

任务 2 使用粗、精电极完成型腔加工（多型腔）；

任务 3 侧向放电加工；

任务 4 深槽型腔放电加工；

任务 5 倒扣型腔放电加工；

任务 6 镜面放电加工。

每个任务按照实际生产中数控电火花成形加工的操作流程：开机操作、工件装夹与校正、电极装夹与校正、加工定位、编写加工程序、自动加工、零件检验、关机保养等步骤，对全过程进行了详细的讲解，让学生通过实践操作机床来完成零件加工，掌握加工方法。

▶ 知识目标

① 掌握识读数控电火花成形机床零件加工图纸的方法；

② 掌握选用电火花成形加工所需工具、量具及夹具的方法；

③ 理解数控电火花成形加工相关放电参数。

▶ 技能目标

① 能正确完成工件、电极的装夹与校正；

② 能使用基准球工具完成精密定位；

③ 能正确编辑加工程序，能根据加工精度要求选择合理的加工策略；

④ 会操作数控电火花成形机床进行自动加工；

⑤ 会对加工完成的零件进行检测。

情感目标

① 培养学生良好的安全意识；

② 培养学生良好的工作作风及团队合作精神；

③ 培养学生在机床操作中一丝不苟，细致认真的工作态度。

建议课时分配表

名　称	课时（节）
任务 1　表面型腔放电加工	12
任务 2　多型腔放电加工	12
任务 3　侧向放电加工	12
任务 4　深槽型腔放电加工	12
任务 5　倒扣型腔放电加工	12
任务 6　镜面放电加工	12
合　计	72

任务 1

表面型腔放电加工

【工作任务】

表面型腔加工零件如图 4-1 所示，零件图如图 4-2 所示。

图 4-1　表面型腔加工零件

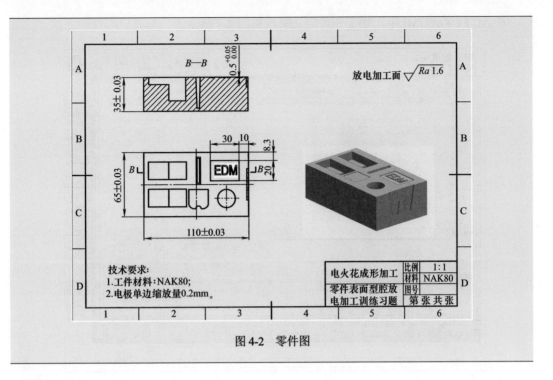

图 4-2 零件图

【知识技能】 ···

知识点1 加工任务的概念

一个放电加工的任务，包括电极、工件、型腔和加工设定四大要素，通过对它们进行逻辑排序，从而生成正确的 ISO 程序，这个过程就是我们所说的定义加工任务，如图4-3 所示。

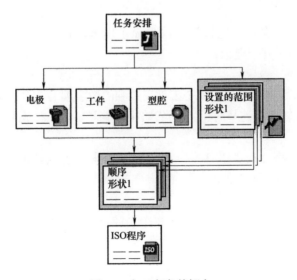

图 4-3 加工任务的概念

项目四 数控电火花成形机床零件加工

在 AC FORM HMI 中，加工任务定义阶段如图 4-4 所示。

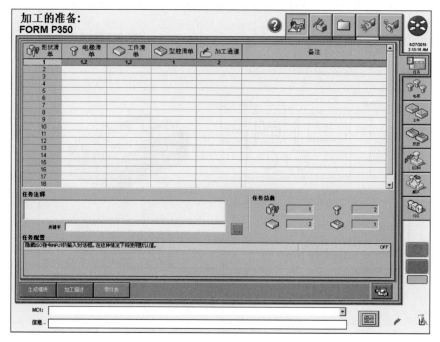

图 4-4　加工任务清单

（1）形状清单

不同的加工形状、不同的加工深度、不同的加工要求，就需要定义不同的形状。定义多组形状后可在"EDM"阶段中设定多组形状的不同工艺。

形状自动排序，每行表示 1 个形状。

（2）电极清单

定义每个形状用到的电极，每个电极以单独的数字编号命名。编号之间用"逗号"隔开，如果电极数量较多且连号时用"-"省略中间编号。如电极编号为 2、3、4、5 输入 2-5 即可。

定义编号的电极将会在"电极"阶段中显示出来，也就是说定义了几个电极，在"电极"阶段中将会显示几个电极。

（3）工件清单

定义每个形状所用到的工件，每个工件用单独的数字编号命名。编号之间用"逗号"隔开，如果工件数量较多且连号时用"-"省略中间编号。如工件编号为 2、3、4、5 输入 2-5 即可。

定义编号的工件将会在"工件"阶段中显示出来，也就是说定义了几个工件，在"工件"阶段中将会显示几个工件。

（4）型腔清单

定义每个形状需要加工多少个型腔。每个型腔以单独的数字编号命名。编号之间用"逗号"隔开，如果型腔数量较多且连号时用"-"省略中间编号，如型腔编号为 2、3、4 号输入 2-4 即可。

定义编号的型腔将会在"型腔"阶段中显示出来，也就是说定义了几个型腔，在

"型腔"阶段中将会显示几个需要定义的型腔坐标。

（5）加工通道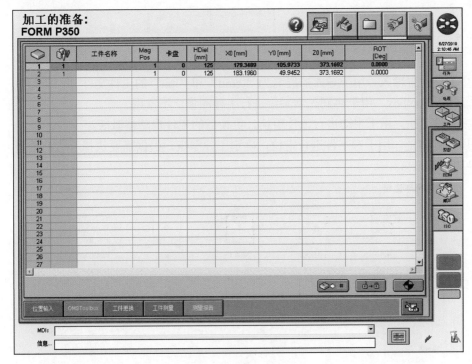

一般情况下，加工通道和电极数量相对应。1个电极对应1个加工通道，所以加工通道通常等于电极数量。输入的数字为通道数，是数目而不是编号，这是唯一不同的一种格式。请注意通道的编号在"电极"阶段中对应电极进行设定。

设定了几个通道，在"EDM"阶段中就会显示几个需要输入尺寸缩放量的通道。

（6）任务总数

自动统计所有形状、电极、工件、型腔的总数量。

知识点2 工件清单

（1）工件清单界面

AC FORM HMI 的工件清单界面如图4-5所示。

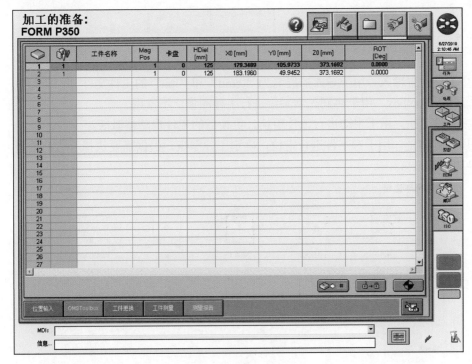

图4-5 工件清单界面

① 选中准备加工的工件并激活。

② Mag Pos 通常无须设定。当加工多个工件时，应在此处设置相同的值，表示工件安装于同一托盘上，机床才会实现连续的自动加工。

③ 定义工作液的高度 HDiel。

④ 通过工件测量功能确定工件的坐标零点。

⑤ 使用 键可以保护工件的机械坐标值不被修改。

（2）工件激活方法

① 选中需要激活的工件编号。

② 点击右下角的 。

（3）工件坐标系的清零与赋值

① 快速三轴清零

a. 选中需要清零的工件编号；

b. 点击 ⬚ 取消对工件机械坐标的保护，点击 ⬥ 可同时对 X、Y、Z 三轴清零；

注意：执行此操作时，请务必确认当前选择的是需要清零的工件编号。此操作可以对没有激活的工件进行清零。

② 预设工件坐标

a. 激活需要赋值的工件编号；

b. 在 MDI 行，输入指令 G150X_Y_Z_D1 后回车并执行。比如将 X 预设为 25，则输入指令 G150X25D1。

（4）编辑功能区功能简介

编辑功能区界面如图 4-6 所示。

| 位置输入 | OMSToolbox | 工件更换 | 工件测量 | 测量报告 |

图 4-6　编辑功能区

① 工件位置输入。用于导入扩展名为".cmd"和".txt"的工件文件。

② OMSToolbox。用于协同光学系统进行工件测量，不常用。

③ 工件更换。用于手动进行工件更换，更换后的工件自动被激活。

④ 工件测量。用于对工件进行定位，确定工件零点，根据需要选择合适的测量方式，如图 4-7 所示。

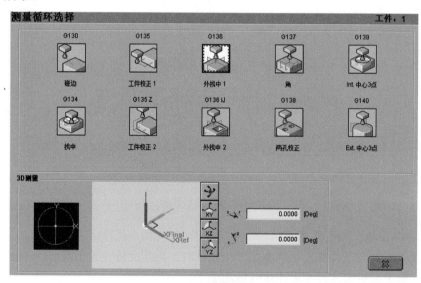

图 4-7　工件测量功能

⑤ 测量报告。用于产生测量结果，所有测量过程均被记录在测量报告中，方便后续检查。

（5）工件测量常用功能

① 外中心 1 ▨。如图 4-8，用于自动测量工件外中心，测量后机械坐标值被记忆。操

作：将测头移动到工件正上方，设置好相关参数后执行找外中心。

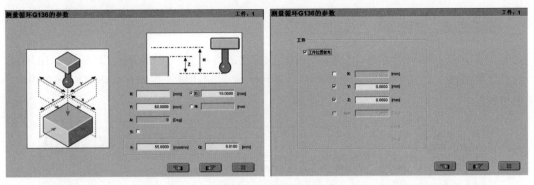

图 4-8　外中心对话框

　　a. 如果只需找一个轴的外中心，则只需设定这个轴的值，按 Delete 键删除另一个轴的值。

　　b. Z 与 H 为二选一项。当选择 Z 时，会先执行 Z 向找边，找外中心下移的高度以找边获得的 Z 面为基准；当选择 H 时，找外中心下移的高度以当前位置为基准，不会执行 Z 向找边。

　　c. 勾选"工件位置参考"后，可以勾选 X、Y、Z 项并设值，执行完成后，当前位置的工件坐标系为预设置的值。

　　d. 测量趋近速度，建议取值范围为 35～100。

　　e. 测量精度允许值，建议取值范围为 0.001～0.01。

　　② 找边。如图 4-9 所示，用于测头与工件进行找边定位。

　　操作：将测头停留在距工件面 2～5mm 的位置执行找边，找边完成后自动回退 1mm。如果初始找边位置小于 1mm 时，找边完成后回退到初始位置，但坐标值会按设定被重置。

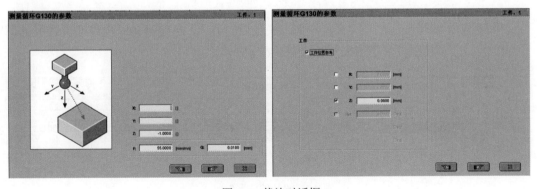

图 4-9　找边对话框

　　a. X、Y、Z 表示找边的轴和方向。正值为轴正方向找边，负值为轴负方向找边。如果只需一个轴找边，其他两个轴应设置为 0；如果多个轴被设值，则执行空间的多轴联动找边。

　　b. 勾选"工件位置参考"后，可以勾选 X、Y、Z 项并设值，执行完成后，当前位置的工件坐标系为预设置的值，预设值一般为 0，也可以设置成其他值。

c.其他测量　其他测量请参照界面示意图即可，相关参数设定方法类同。

知识点3　型腔清单"孔的位置"

型腔包括3种设定方式，包括"孔的位置""最终尺寸""特殊型腔"，如图4-10所示，只能选择其中一种进行设定，系统可在这3种方式之间切换，在本任务中我们只介绍"孔的位置"。

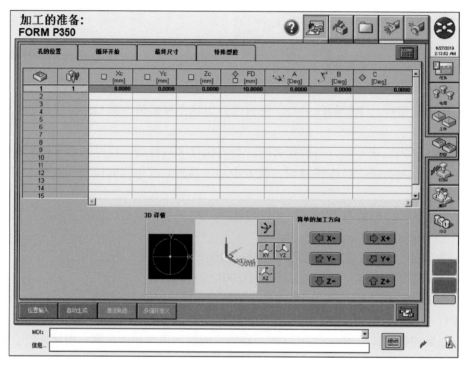

图4-10　型腔清单

如图4-11所示，这是一种常用的加工矢量设定方式，放电开始时电极的位置用◇图标表示，计算放电深度的零点位置用□图标表示。

孔的位置		循环开始		最终尺寸		特殊型腔			
		□ Xc [mm]	□ Yc [mm]	□ Zc [mm]	◇ FD [mm]	A [Deg]	B [Deg]	◇ C [Deg]	
1	1	0.0000	0.0000	0.0000	10.0000	0.0000	0.0000	0.0000	
2									
3									
4									

图4-11　"孔的位置"方式

这种方式的放电加工包括以下4个元素：

① 起点坐标。这是一个坐标值，在表单中的 Xc、Yc、Zc 设定，决定了型腔加工的位置与深度。

② 起始安全距离。这是一个长度值，在表单中的 FD 设定，系统默认为10mm。

③ 加工深度。以起点坐标作为零点，决定加工深度，在"EDM"的▣◻◻◻中设置。

④ 加工方向。选择加工轴向，系统默认为 Z– 方向，如图 4-12。

如图 4-13 所示的 Z– 轴向加工，Xc，Yc，Zc 设定为 0，0，0，FD 设定为 10，加工深度为 5mm。

① 在设定中，如果更改 FD，只会影响电极放电的起始位置，不会影响加工深度。

② 如果更改 Zc 值，会影响加工深度，比如将 Zc 改为 1，那么系统任务从 Z 坐标 1 的位置向下运动 5mm，实际的加工深度是 4mm，放电的起始位置 Z 坐标为 11。

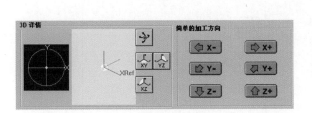

图 4-12　选择加工轴向

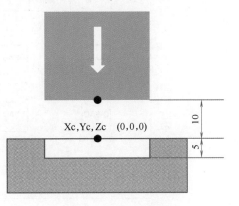

图 4-13　加工示意图

知识点 4　EDM 基本设定

AC FORM HMI 的 EDM "总体" 设定界面如图 4-14 所示。

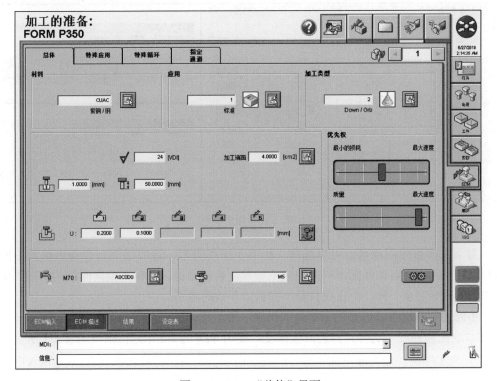

图 4-14　EDM "总体" 界面

① 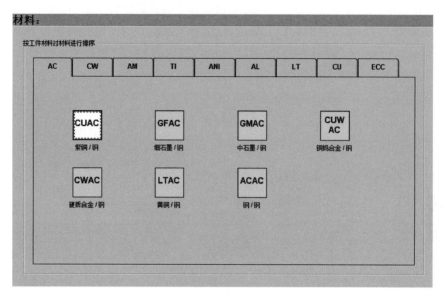形状编号　当任务清单中设置了多组形状时，可以对不同的形状生成不同的放电参数。

② 材料　选择材料组合，如图 4-15 所示。

图 4-15　材料组合

③ 应用　选择合适的应用类型，应用类型决定了放电参数的特性，在普通型、专用型及 GeoStrat 三大类型下包含了多种应用选择，如图 4-16 所示。

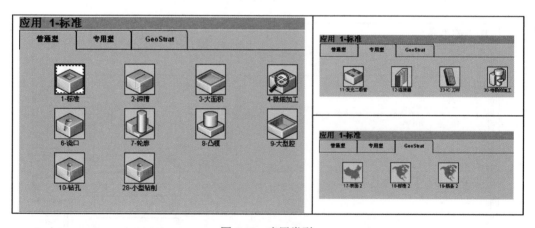

图 4-16　应用类型

对于大多数应用而言，可以选择"标准"应用类型，该应用类型会根据输入不同的面积与加工深度，自动匹配不同的放电主参数。也就是说，在输入不同面积的情况下生成的加工参数会完全一样，不仅仅只是一些辅助参数的区别。

不同的材料组合，以及不同型号的机床，所能选择的应用类型会有区别。

④ 表面粗糙度　选择目标表面粗糙度，使用 VDI 与 *Ra* 作为标准，如表 4-1 所示。

⑤ 加工端面　输入放电加工部位的底部面积值，可以直接输入或者点 输入电极的长宽或者直径产生，如图 4-17 所示，直接输入时要注意单位为 cm^2。

表4-1 表面粗糙度

VDI	Ra/μm	VDI	Ra/μm	VDI	Ra/μm
0	0.1	24	1.6	39	8.9
1	0.11	25	1.8	40	10.0
4	0.16	26	2.0	41	11.2
7	0.22	27	2.2	42	12.6
9	0.28	28	2.5	43	14.1
10	0.32	29	2.8	44	15.8
12	0.4	30	3.2	45	17.8
14	0.5	31	3.5	46	20.0
16	0.63	32	4.0	47	22.4
18	0.8	33	4.5	48	25.1
19	0.9	34	5.0	49	28.2
20	1.0	35	5.6	50	31.6
21	1.1	36	6.3	51	35.5
22	1.3	37	7.1		
23	1.4	38	7.9		

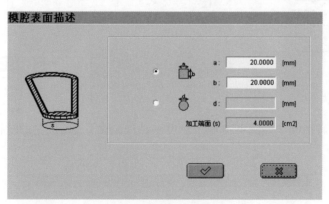

图 4-17 面积计算

设定面积输入大概的面积值即可，但不能随意输入差异较大的值。

大的加工端面，系统会降低抬刀速度，使用相对较大的放电能量；小的加工端面，系统不会使用超过电流密度的放电能量，抬刀速度快。

⑥ 加工深度 输入实际的加工深度。

在"型腔"清单中使用"孔的位置"方式时，此处的值为加工深度。

在"型腔"清单中使用"最终尺寸"方式时，此处的值与实际的加工深度没有关系，但此值会影响放电参数，也不能随意输入。

⑦ 电极长度　输入电极长度的大概值，系统会根据电极长度补偿热膨胀值。此项在铜电极时有效，选择石墨电极时无此项。

⑧ 电极尺寸缩放量　点击导入在"电极"清单中输入的电极尺寸缩放量。如果在"电极"清单中没有正确定义放电阶段序号，会发生无法导入的情况。此处的电极尺寸缩放量也可以手动输入，但机床的平动加工依据"电极"清单中输入的电极尺寸缩放量为准。大的电极尺寸缩放量会获得更大的放电能量，加工速度快。

⑨ 加工优先权　加工优先权如图4-18所示。

在图4-18上面的标尺分为多个挡位，这些不同挡位直接决定了产生不同的电流与脉宽。最左边为最小损耗，优先注重电极损耗，但加工效率相对较低；最右侧为最大速度，优先注重加工效率，但电极损耗会相应增大。中间的挡位兼顾加工效率与损耗，大多数情况下推荐使用左3挡策略。

在图4-18下面的标尺会影响加工条件的起始能量与条件之间的安全量。最左侧的挡位，起始能量被大幅度降低，加工速度低，绝大多数情况下不要使用；推荐使用最右侧最大速度挡优先级。

⑩ 冲液　如图4-19所示，选择冲液阀的组合，可以配置不同冲液类型。放电加工在浸油加工状态下进行，高速抬刀有助于良好排屑，大多数加工无须使用冲液。

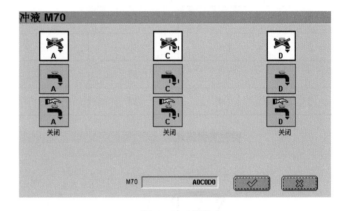

图4-18　加工优先权　　　　　　　　　　　图4-19　冲液

⑪ C轴旋转控制　如图4-20所示，可以设置C轴不旋转或者顺时针、逆时针旋转，旋转速度可以设定。

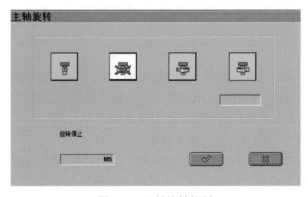

图4-20　C轴旋转控制

⑫ 🔧 完成并生成参数，每个形状 🐾 必须独立生成。

知识点 5　ISO 文件

机床执行加工任务的文件是 ISO 文件，通过正确定义加工任务及各阶段的设定清单，系统即可自动生成所需的 ISO 程序。见图 4-21，在此页面可以查看或者修改 ISO 程序。

图 4-21　ISO 页面

（1）程序显示与帮助

① 程序输入区（左侧）　可查看、修改 ISO 程序。

② 动态帮助区（右侧）　随光标自动显示当前 ISO 的解释。

（2）功能应用

① 程序输入　从机床的其他作业或从外部导入程序扩展名为 ".iso" 的 ISO 文件。

② 仿真　对 ISO 程序进行模拟。

③ 执行　启动加工任务，进入执行状态，按手控盒上的启动键即可开始加工。

知识点 6　电极快速装夹

现代工厂中的电火花加工生产，越来越多地应用快速装夹夹具来实现高效、高精度的电极换装，如 GF 加工方案的 System 3R 快速换装夹具，如图 4-22 所示。

（1）System 3R 夹具基准

使用 System 3R 夹具，电极的装夹始终使用的是相同的基准，因此在装夹电极进行加工时，无须再进行手工调整。相比传统的手工打表方式，可以节省大幅度的装夹找正时间，提升了机床的使用率。

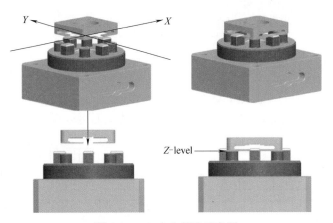

图 4-22　3R 夹头基准示意图

如图 4-23 所示，在铣削电极时，铣削机床上配有 3R 基准底座，电极毛坯固定在 3R 基准块上，然后安装于 3R 基准底座上，电极铣削完成后，直接取下电极（连同基准块）后，电极即可直接安装于配有 3R 基准底座的数控电火花成形机床上。

图 4-23　相同的装夹基准

（2）气动更换电极

方法：如图 4-24 所示。

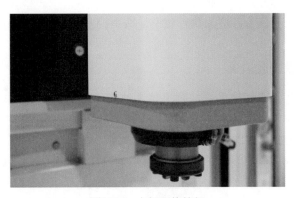

图 4-24　电极更换按钮

安装电极：右手托住电极，将拉钉垂直放入夹头孔内，对准卡槽位置，左手按红色圆圈按钮 10s，机头吹气，3R 夹头拉钉将被往上卡住。

拆下电极：右手托住电极，左手按红色圆圈按钮 10s，3R 夹头拉钉将被释放。

【任务目标】

① 会选用表面型腔放电加工所需工具、量具及夹具。
② 会编写表面型腔放电加工程序。
③ 会使用机床进行零件表面型腔放电加工。

【任务实施】

（1）基本要求
① 培养学生良好的工作作风和安全意识。
② 培养学生的责任心和团队精神。
③ 掌握零件表面型腔放电加工方法。
（2）设备与器材
实训所需的设备与器材见表 4-2。

表 4-2 设备及器材清单

项 目	名 称	规 格	数 量
设备	数控电火花成形机床	GF 加工方案 FORM P 350	3～5 台
夹具	永磁吸盘	250mm	3～5 个
电极	铜电极	配套	3～5 个
工具	油石	1000 目	3～5 块
	铜棒	配套	3～5 个
	吸盘扳手	配永磁吸盘	3～5 把
	内六角扳手	配套	3～5 套
量具	游标卡尺	0～150mm	3～5 把
	杠杆百分表	0.001mm 精度，红宝石头	3～5 个
备料	NAK80	长 110mm、宽 65mm、高 40mm 精毛坯	3～5 块
其他	毛刷、碎布、酒精	配套	一批

（3）内容与步骤

①开机操作。

②新建加工任务（见表4-3）。

表4-3 新建加工任务

步骤	示意图	说明
① 新建 程序	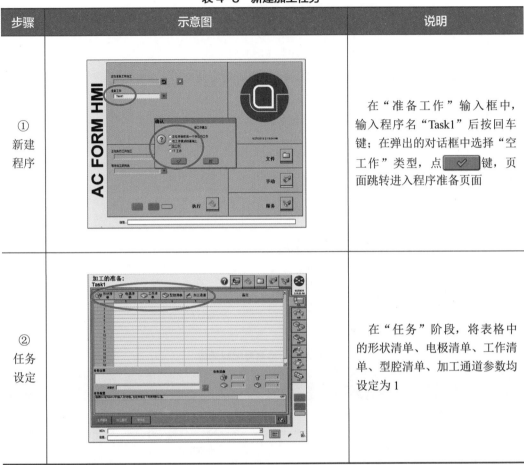	在"准备工作"输入框中，输入程序名"Task1"后按回车键；在弹出的对话框中选择"空工作"类型，点 ⬚ 键，页面跳转进入程序准备页面
② 任务 设定		在"任务"阶段，将表格中的形状清单、电极清单、工作清单、型腔清单、加工通道参数均设定为1

③安装工件。

④安装及校正电极（见表4-4）。

表4-4 安装及校正电极

步骤	示意图	说明
① 调整 拉杆		从拉杆底部拉起黑色拉杆固定环

步骤	示意图	说明
② 安装 拉杆		将拉杆插入基准夹头并旋转 45°
		将黑色拉杆固定环推入基准夹头的十字定位孔当中
③ 安装 电极		按住气动夹头开关，将拉杆插入主轴夹头当中，松开气动夹头开关后自动锁紧

⑤ 电极与工件定位（见表 4-5）。

表 4-5　电极与工件定位

步骤	示意图	说明
① 电极 设定		点击 进入"电极"设定阶段，在 1 号电极行，将电极尺寸缩放量（U）设定为 0.2；选择 1 号电极，按 键，激活此电极

步骤	示意图	说明
② 工件 设定	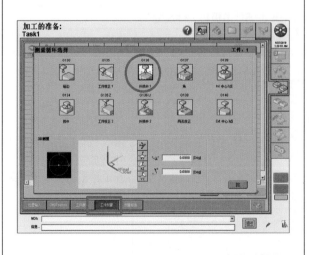	点击 进入"工件"设定阶段，在1号工件行，将液位高度（HDiel）参数设定为125；选择1号工件，按 激活此工件
③ 工件 定位		将电极手动移动到工件中心，目测合适即可 点击 进入测量循环选择界面；选择 G136 外找中 1 测量方式

步骤	示意图	说明
③ 工件 定位	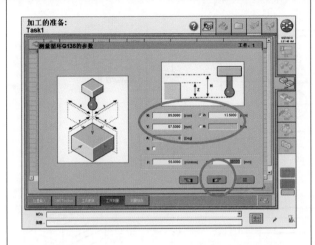	设置测量参数 X: 05; Y: 57.5; Z: 13.5; F: 55, 按 继续下一步
	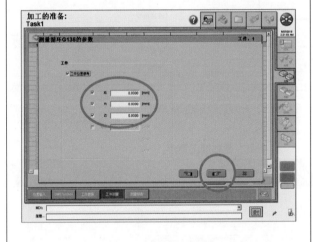	设置工件参考点为 X: 0; Y: 0; Z: 0, 按 继续下一步; 再按手控盒上 键执行自动测量
	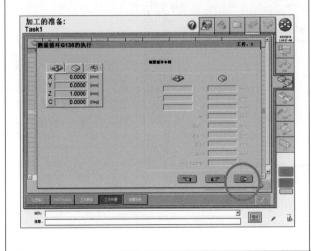	找外中心完成后, 工件坐标已被自动设置为 X: 0; Y: 0; Z: 1; C: 0, 按 退出测量功能

⑥编写加工程序。表面型腔放电加工图见图 4-25，编写加工程序的步骤见表 4-6。

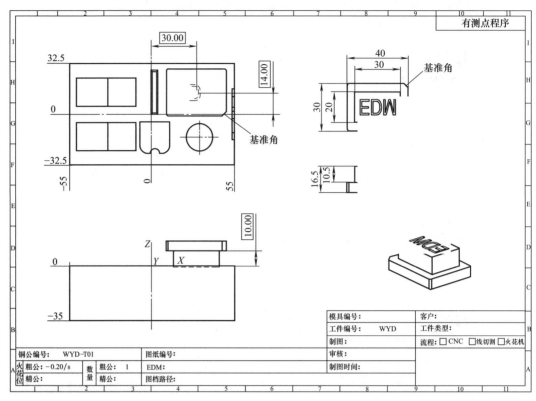

图 4-25　表面型腔放电加工图

表 4-6　编写加工程序

步骤	示意图	说明
① 型腔 设定	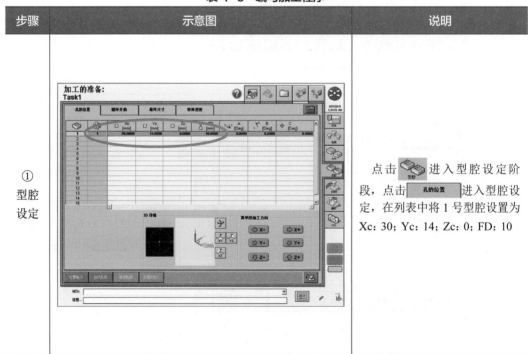	点击 ![] 进入型腔设定阶段，点击 孔的位置 进入型腔设定，在列表中将 1 号型腔设置为 Xc: 30；Yc: 14；Zc: 0；FD: 10

步骤	示意图	说明
② EDM 设定	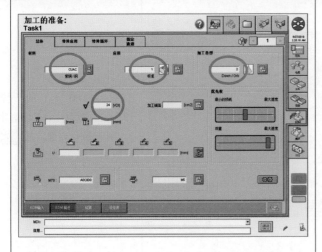	点击 进入"EDM"设定阶段，填写 EDM 参数（总体）：材料：CUAC（紫铜 / 钢）；应用：1（标准）；加工类型：2（Down/Orb）；加工粗糙度：24
		点击 进入填写放电界面积，选择矩形，设定尺寸 a：30；b：20
	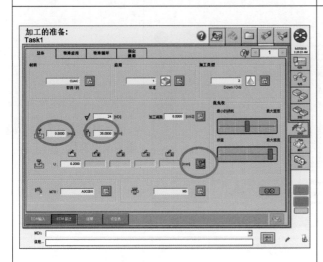	加工深度：0.5；电极长度：35；点击 调出电极尺寸缩放量，其他设置使用默认

续表

步骤	示意图	说明
	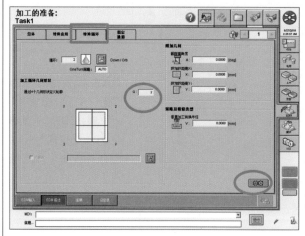	进入 EDM 页下的"特殊循环"进行设置，Q（轮廓定义）：2。所有设置完成，按 按钮生成放电参数
② EDM 设定	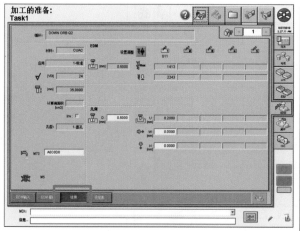	自动跳转至"结果"界面
	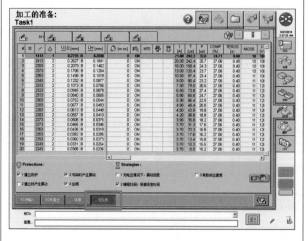	点击 设定表 进入该页，可查看放电参数

步骤	示意图	说明
③ 顺序 生成	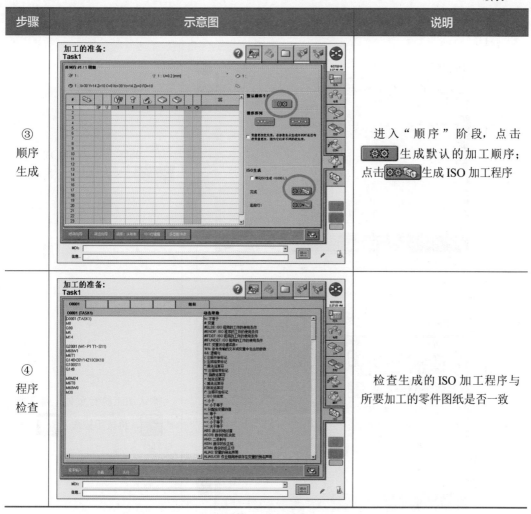	进入"顺序"阶段，点击 生成默认的加工顺序；点击 生成 ISO 加工程序
④ 程序 检查	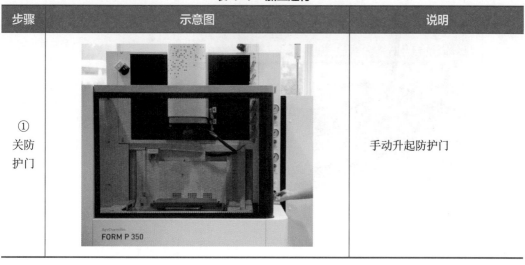	检查生成的 ISO 加工程序与所要加工的零件图纸是否一致

⑦ 加工运行（见表 4-7）。

表 4-7　加工运行

步骤	示意图	说明
① 关防 护门	FORM P 350	手动升起防护门

步骤	示意图	说明
② 执行 程序	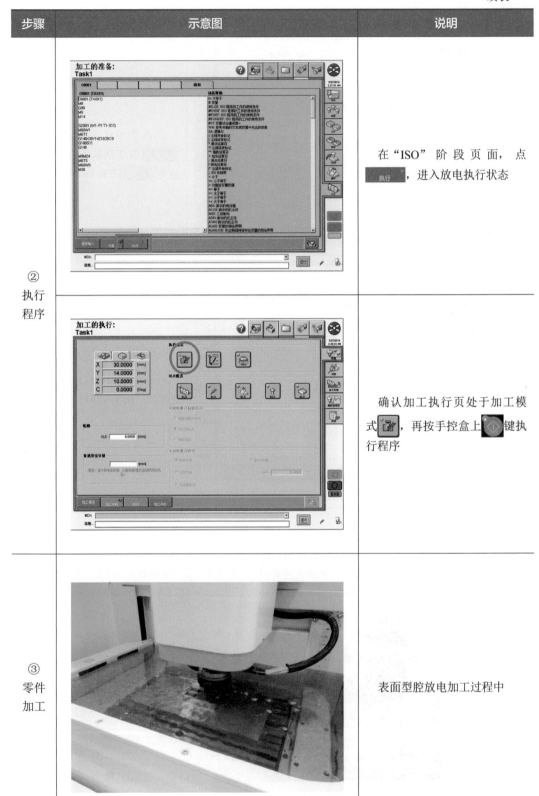	在"ISO"阶段页面，点 执行 ，进入放电执行状态
		确认加工执行页处于加工模式 ，再按手控盒上 键执行程序
③ 零件 加工		表面型腔放电加工过程中

⑧ 零件检验（见表4-8）。

表4-8　零件检验

步骤	示意图	说明
零件检验		使用深度尺检查表面型腔深度

⑨ 关机保养。

【任务评价】 ·······························

根据掌握情况填写学生自评表，见表4-9。

表4-9　学生自评表

项目	序号	考核内容及要求	能	不能	其他
开机操作	1	会检查机床气压、温度是否正常			
	2	会开稳压器和冷却机			
	3	会识读机床各部压力表			
安装工件	4	能正确清洁永磁吸盘			
	5	能正确安装工件			
	6	能正确校正工件			
	7	能正确锁紧工件			
安装电极	8	能正确使用电极夹头			
	9	能正确安装电极			
工件测量	10	会新建加工程序			
	11	会使用 G136 方式测量工件			

项目	序号	考核内容及要求	能	不能	其他
编辑程序	12	会设置任务参数			
	13	会设置 EDM 参数			
	14	会生成 ISO 程序			
	15	会检查 ISO			
加工运行	16	会选择加工程序			
	17	能执行程序			
	18	能完成零件加工			
零件检验	19	会检测零件			
关机保养	20	会拆卸工件			
	21	会清洁工件			
	22	会关机操作			
	23	会清洁和保养机床			
签名	学生签名（　　　　）　　　教师签名（　　　　　　）				

❓ 【任务反思】

总结归纳学习所得，发现存在问题，并填写学习反思内容，见表 4-10。

表 4-10　学习反思内容

类型	内　　容
掌握知识	
掌握技能	
收获体会	
需解决问题	
学生签名	

✐ 【课后练习】 ···

一、思考题

1. 使用 2 个电极加工 1 个型腔。

| 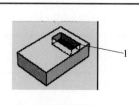 | | 1 个 | |
| | | 2 个 | 粗加工 1 个
精加工 1 个 |

2. 同一工件上加工 2 个不同型腔。

| 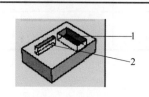 | | 1 个 | |
| | | 3 个 | 型腔 1：粗加工、精加工电极各 1 个
型腔 2：1 个电极 |

3. 同一工件上加工 2 个相同的型腔。

| 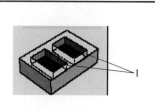 | | 1 个 | |
| | | 3 个 | 粗加工 1 个
中加工 1 个
精加工 1 个 |

4. 同一工件上加工 3 个型腔，其中 2 个型腔相同。

| 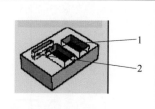 | | 1 个 | |
| | | 4 个 | 2 种型腔都有粗加工、精加工电极各 1 个 |

5. 分别在两个工件上加工 3 个不同型腔。

| 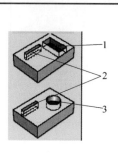 | | 2 个 | |
| | | 4 个 | 标注 2 的型腔相同，粗加工、精加工电极各 1 个，2 个工件的型腔坐标相同
标注 1、3 的型腔不同，各仅用 1 个电极完成 2 个工件的型腔坐标不相同 |

请通过以上加工实例来制定加工任务清单。

加工任务清单

任务	电极清单	工件清单	型腔清单	加工通道
1				
2				
3				
4				
5				

二、实操题

在数控电火花成形机床上完成如下零件图所示的编程。

工件材料：模具钢

电极材料：紫铜

电极数量：2 个

电极 1 尺寸缩放量：0.25mm/ 单边

电极 2 尺寸缩放量：0.10mm/ 单边

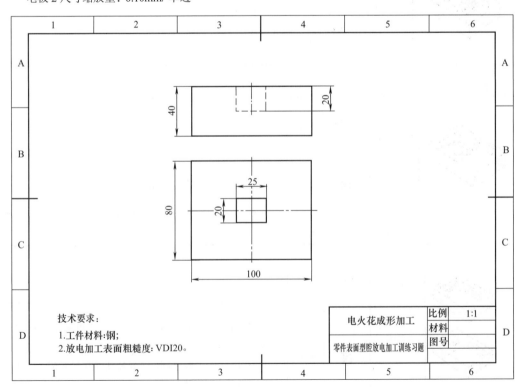

技术要求：
1.工件材料:钢；
2.放电加工表面粗糙度：VDI20。

电火花成形加工	比例	1:1
	材料	
零件表面型腔放电加工训练题	图号	

电火花成形机床操作与加工

多型腔放电加工

【工作任务】

多型腔放电加工零件见图4-26，零件图见图4-27。

图 4-26　多型腔放电加工零件

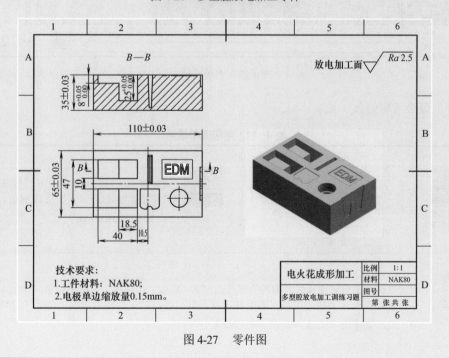

图 4-27　零件图

知识点1 电极清单

在"电极"阶段，对每个电极定义尺寸缩放量、放电通道、电极偏移量等信息，如图 4-28 所示。

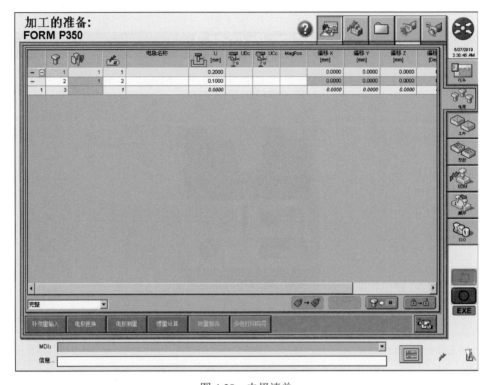

图 4-28　电极清单

（1）电极清单信息（见表 4-11）

表 4-11　电极清单信息

	在 U（mm）项输入电极的实际尺寸缩放量，此值为单边值		设定放电阶段序号 1～5，6 特指基准球，按 F3 键将显示一个下拉式列表，可显示"6 Mesuring tool"
	设定电极位于电极更换装置中的位置号码；"X、Y、Z、C 偏移"电极偏移量，如图 4-29 所示，可以在机床上使用电极对基准球进行测量，也可以在外部测量机上进行（CMM）完成，使用 键可以保护此值不被修改		

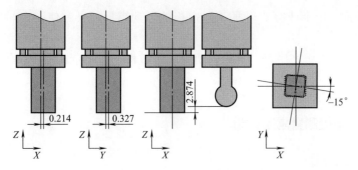

图 4-29　电极偏移量示意图

（2）电极激活方法

① 选中需要激活的电极编号。

② 点击右下角的 ⬛ 。

③ 激活后的电极序号被绿色填充。

（3）编辑功能区功能简介（图 4-30）

① 补偿量输入　用于导入扩展名为 ".cmd" 和 ".txt" 的电极文件。

② 电极更换　如图 4-31 所示，用于手动进行电极更换，更换后新电极自动被激活。

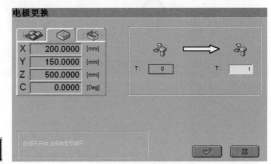

图 4-30　编辑功能区

图 4-31　电极更换

③ 电极测量　此项只有在使用基准球定位时才需要使用，用于测量电极基准与基准球中心的偏差值。根据需要选择合适的测量方式，如图 4-32 所示。

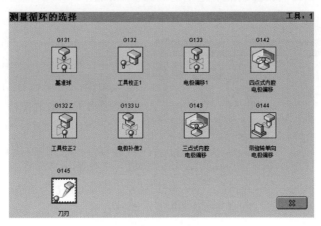

图 4-32　电极测量

④ 惯量计算　用于计算 C 轴加工时电极的运动惯量，只有使用 C 轴工作时才需要计算。

⑤ 测量报告　用于产生测量报告，所有测量过程均被记录在测量报告中，方便后续检查。

（1）基准球定位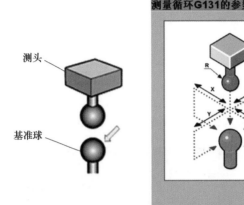

如图 4-33 所示，通过测头与基准球的分中，用于确定基准球的坐标位置。

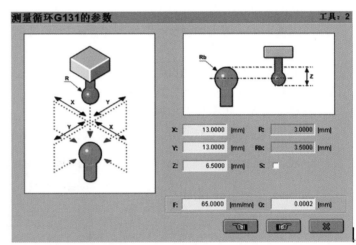

图 4-33　基准球测量功能

操作：在机床已设置好测头与基准球参数的情况下，只需将测头移动到基准球正上方执行即可。为了实现最大外径分中，机床会自动执行两遍找外中心。

（测头与基准球参数的设置路径：服务→参数→ CNC →参考刀具半径 / 参考球半径）

F：测量趋近速度，建议取值范围为 35 ～ 100。

Q：测量精度允许值，建议取值范围为 0.001 ～ 0.01。

（2）电极偏移量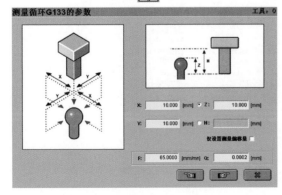

图 4-34　电极找外中心测量

如图 4-34 所示，通过电极与基准球找外中心的过程，获得电极偏移量。

操作：将电极移动到基准球正上方，设置好相关参数后执行找外中心。

① 如果只需找一个轴的外中心，则只需设定这个轴的值，按 Delete 键删除另一个轴的值。

② Z 与 H 为二选一项。当选择 Z 时，先执行 Z 向找边，电极找外中心下移的高度以找边获得的 Z 面为基准，执行完成后

会自动计算出 X、Y、Z 向电极偏移量；当选择 H 时，电极找外中心下移的高度以当前位置为基准，不会执行 Z 向找边，执行完成后只会计算出 X、Y 向电极偏移量。

F：测量趋近速度，建议取值范围为 35 ～ 100。

Q：测量精度允许值，建议取值范围为 0.001 ～ 0.01。

（3）单边测量

如图 4-35 所示，用于电极的单边测量，最常用为 Z– 测量。

操作：勾选测量方向，执行。

（4）其他测量

其他测量请参照界面示意图即可，相关参数设定方法类同。

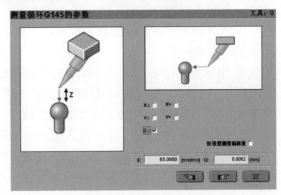

图 4-35　单边测量

知识点 3　型腔清单"最终尺寸"

如图 4-36，这种加工方式只适合 Z– 轴加工，只需设定起点与终点即可。使用此种方式后，"EDM"的 设定对加工深度不会起作用。

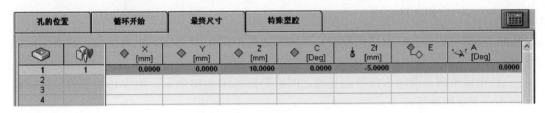

图 4-36　"最终尺寸"方式

"最终尺寸"的两个元素如表 4-12 所示。

表 4-12　"最终尺寸"的两个元素

这种方式的放电加工包括两个元素：

①起点坐标：这是一个坐标值，在表单中的 X、Y、Z 设定。决定电极起始位置，不影响加工深度。此值应设置为安全的值

②Z 轴终点坐标：Z 轴的坐标值，在表单中的 Zf 设定

举例：如右图所示的 Z– 轴向加工，X、Y、Z 设定为 0、0、10，Zf 设定为 –5

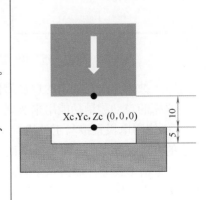

知识点 4　电火花加工的定位

（1）加工位置的标注方法

电火花加工图纸标注的加工位置，一般是以电极基准中心与工件的基准中心或单侧之间的距离来确定。

① 电极基准中心与工件基准中心之间的距离称为"分中"，如图 4-37 所示，这种方式应用最多。X、Y 两轴都采用这种方式称为"四面分中"。这种方法能将误差均衡地分布在中心四周，电火花加工位置不受电极缩放尺寸的影响。

② 电极基准中心与工件单边之间的距离称为"单边分中"，如图 4-38 所示。有些形状复杂的工件只有一个明确的基准面，或者所有工序都是使用一个基准面，因此选用工件单侧来定位，电火花加工位置不受电极缩放尺寸的影响。

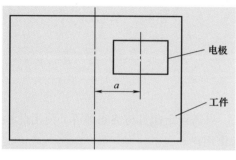

图 4-37　分中

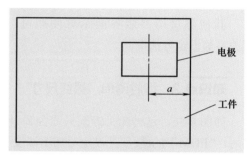

图 4-38　工件单边分中

③ 电极单侧基准与工件基准中心之间的距离如图 4-39 所示，电火花加工的坐标位置应减去一个单侧缩放尺寸。

④ 电极单侧基准与工件单侧基准之间的距离如图 4-40 所示，电火花加工的坐标位置应减去一个单侧缩放尺寸。

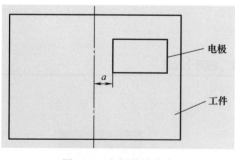

图 4-39　电极单边分中

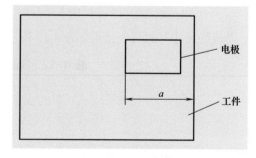

图 4-40　单边碰数

（2）数控电火花加工的自动定位

机床的自动测量功能用来实现加工位置的定位。

① 使用电极直接与工件进行定位　直接使用电极的基准面与工件的基准面按照图纸标注的方式进行定位。这是最基础的电火花加工工艺，操作简单。显而易见，这种面接触容易产生诸多误差，如面对面的接触不可避免地存在细微物，电极与工件的平面度、平行度、垂直度等因素都将影响定位精度。使用这种方法不需要使用电极偏移量功能，定位使用"工件"中的"工件测量"功能即可，如图 4-41 所示。

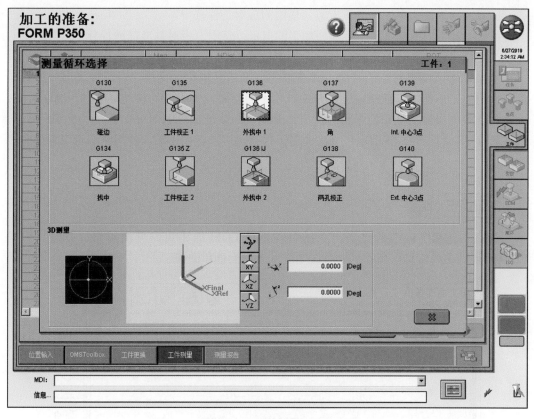

图 4-41 "工件测量"功能

② 使用基准球进行定位　使用基准球定位的方法及操作过程，如图 4-42 所示。

a. 在磁力吸盘上安装工件，固定一个基准球，在主轴上安装一个测头，使用测头对基准球分中。

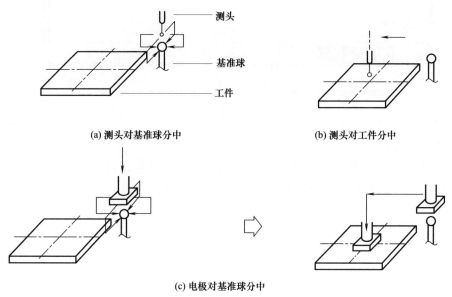

(a) 测头对基准球分中　　　　　　　　　(b) 测头对工件分中

(c) 电极对基准球分中

图 4-42　使用基准球进行定位

b. 手动移动测头至工件的正上方，使用测头对工件分中。

c. 从主轴上取下测头，安装需要加工的电极，使用电极对基准球进行分中。

d. 完成电极与工件的定位，移动至加工位置。

基准球定位以点对点的接触方式可以实现高精度定位。另外，对于较大型腔或者较大工件的加工，使用基准球定位，分中过程不需要做较大距离的移动，节省了准备时间，尤其对于多电极加工频繁换电极时，只需要电极与基准球分中即可，提高了效率。另外，一些形状复杂的工件，使用电极基准面对工件找边可能存在干涉，使用测头可以方便完成定位。

知识点5 结果

在点击 ◎◎ 生成参数之后，系统自动进入 EDM 结果页，见图 4-43。页面显示了 EDM 描述的主要信息，在此可以对这些信息进行检查和微调。

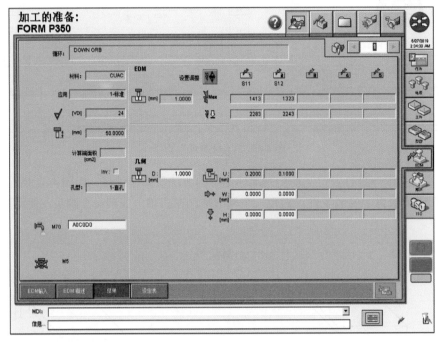

图 4-43　EDM "结果" 页

（1）设定调整

见图 4-43，点击 ⬚ 进入页面可对放电条件的首个条件及粗加工阶段的末尾加工条件进行更改，见图 4-44。首个放电条件如果已经达到允许范围的最大极限，则不能再被加大。

（2）几何

见图 4-45，此处的 D 值为加工深度（只有在型腔清单中使用 "孔的位置" 模式时才有效），如果在此处更改 D 值，那么加工深度以此处设定的值为准。

W 值用于修正型腔侧面尺寸：输入正值，为加大型腔尺寸。

H 值用于修正型腔深度尺寸：输入正值，为增加深度。

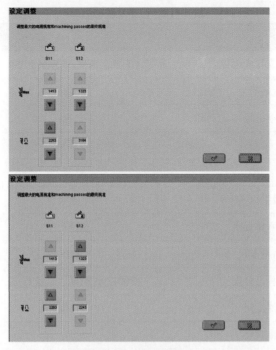

图 4-44　设定调整

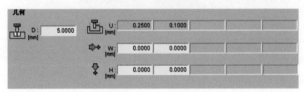

图 4-45　几何修正

【任务目标】 ···

① 会选用多型腔放电加工所需工具、量具及夹具。
② 会编写多型腔放电加工的加工程序。
③ 会使用机床进行多型腔放电加工。

【任务实施】 ···

（1）基本要求
① 培养学生良好的工作作风和安全意识。
② 培养学生的责任心和团队精神。
③ 掌握零件多型腔放电加工方法。
（2）设备与器材
实训所需的设备与器材见表 4-13。

表 4-13　设备及器材清单

项目	名称	规格	数量
设备	数控电火花成形机床	GF 加工方案 FORM P 350	3～5 台
夹具	永磁吸盘	250mm	3～5 个
电极	铜电极	配套	3～5 个
工具	油石	1000 目	3～5 块
	铜棒	配套	3～5 个
	吸盘扳手	配永磁吸盘	3～5 把
	内六角扳手	配套	3～5 套
量具	游标卡尺	0～150mm	3～5 把
	杠杆百分表	0.001mm 精度，红宝石头	3～5 个
	深度尺	0～150mm	3～5 把
	钢直尺	20cm	3～5 把
	固定的基准测球	3R-US400.3（5）	3～5 个
	基准测球	3R-656.31-3（5）P	3～5 个
备料	NAK80	长 110mm、宽 65mm、高 40mm 精毛坯	3～5 个
其他	毛刷、碎布、酒精	配套	一批

（3）内容与步骤

① 开机操作。

② 新建加工任务（见表 4-14）。

表 4-14　新建加工任务

步骤	示意图	说明
① 新建 程序	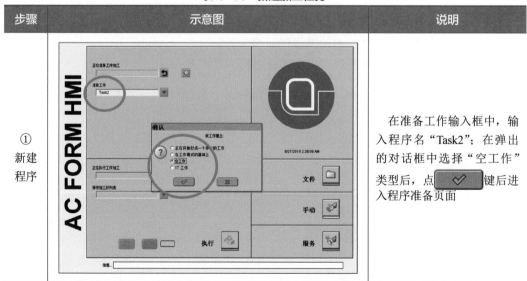	在准备工作输入框中，输入程序名"Task2"；在弹出的对话框中选择"空工作"类型后，点 　　　 键后进入程序准备页面

电火花成形机床操作与加工

步骤	示意图	说明
② 任务 设定	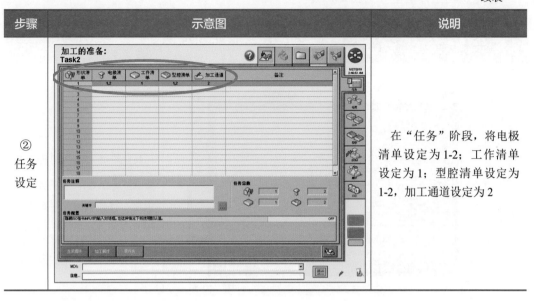	在"任务"阶段，将电极清单设定为1-2；工作清单设定为1；型腔清单设定为1-2，加工通道设定为2

③ 安装工件。

④ 固定基准球（见表4-15）。

表4-15　固定基准球

步骤	示意图	说明
固定 基准 球	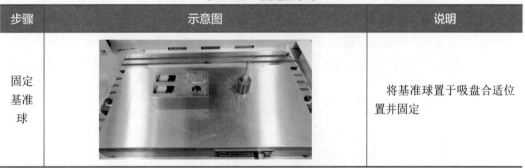	将基准球置于吸盘合适位置并固定

⑤ 安装测头（见表4-16）。

表4-16　安装测头

步骤	示意图	说明
安装 测头		按住气动夹头开关，将测头插入主轴夹头当中，松开气动夹头开关后自动锁紧

⑥ 电极与工件定位（见表4-17）。

表4-17　电极与工件定位

步骤	示意图	说明
① 测量 参数 设定	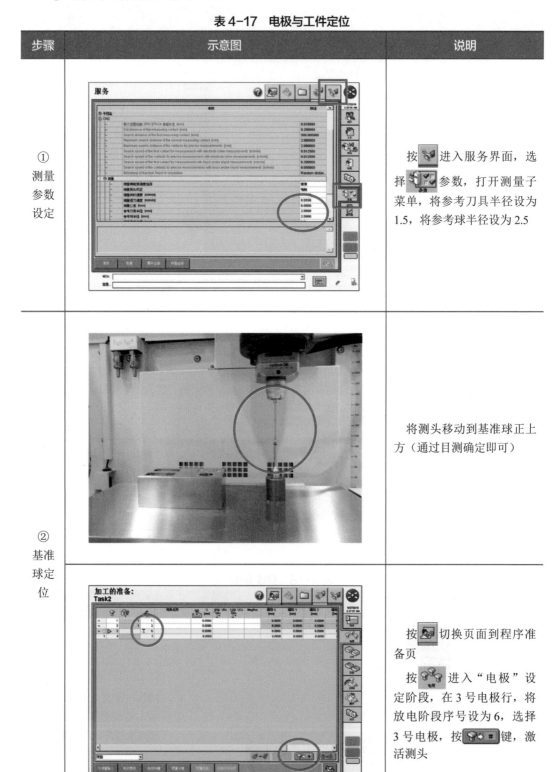	按 进入服务界面，选择 参数，打开测量子菜单，将参考刀具半径设为1.5，将参考球半径设为2.5
② 基准 球定 位		将测头移动到基准球正上方（通过目测确定即可） 按 切换页面到程序准备页 按 进入"电极"设定阶段，在3号电极行，将放电阶段序号设为6，选择3号电极，按 键，激活测头

步骤	示意图	说明
	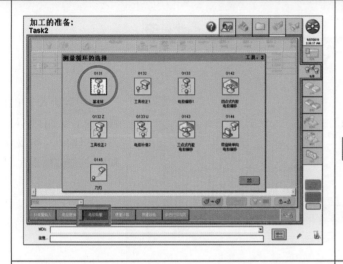	点击 电极测量 进入测量循环选择界面，选择 G131 基准球测量方式
② 基准 球定 位	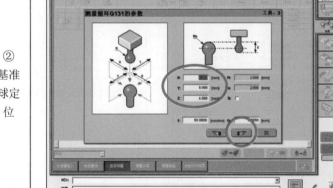	由于在服务页面设置了参考刀具与参考球的半径值，此处的 X、Y、Z 值已默认为合适的数值，设置 F: 55，按 继续下一步
	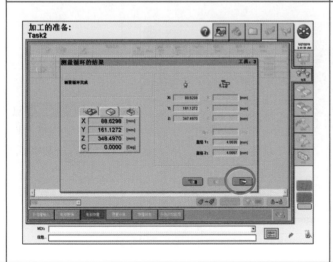	按手控盒上 键执行自动测量，完成基准球测量；按对话框上的 键退出

步骤	示意图	说明
	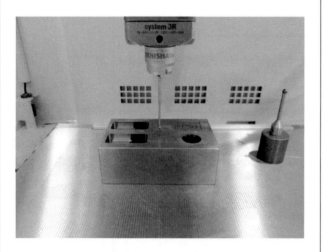	按 进入"工件"阶段，在 1 号工件行，将液位高度（HDiel）参数设定为125，按 激活工件
③ 工件 定位	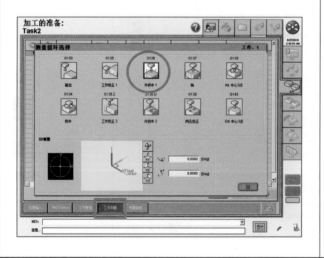	将测头移动到工件正上方（通过目测确定即可）
		点击 工件测量 进入工件测量循环选择界面，选择 G136 外找中 1 测量方式

步骤	示意图	说明
③ 工件 定位	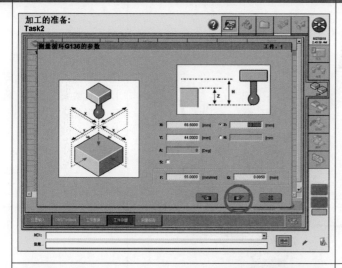	设置测量参数 X: 66.5; Y: 44; Z: 10; F: 56, 按 [👉] 继续下一步
	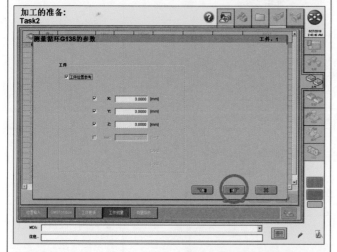	设置工件参考点为 X: 0; Y: 0; Z: 0, 按 [👉] 继续下一步; 再按手控盒上 键执行自动测量
	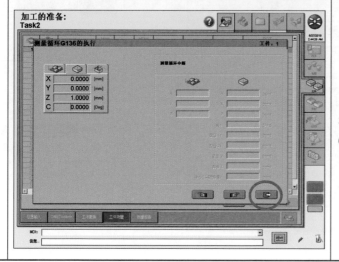	找外中心完成后, 工件坐标已被自动设置为 X: 0; Y: 0; Z: 1; C: 0, 按 [→] 退出测量功能

步骤	示意图	说明
④ 粗加工电极定位		按住气动夹头开关，将测头从主轴夹头中取下；再次按住气动夹头开关，将粗加工电极插入主轴夹头当中，松开气动夹头开关后自动锁紧
		将电极移动到基准球正上方（通过目测确定即可）
		按 [图标] 进入"电极"阶段，在 1 号电极行，将电极尺寸缩放量（U）设定为 0.25；选择 1 号电极，按 [图标] 键，激活电极 1
		点击 [电极测量] 进入电极测量循环选择界面，选择 G133 [图标] 电极偏移 1 测量方式

步骤	示意图	说明
	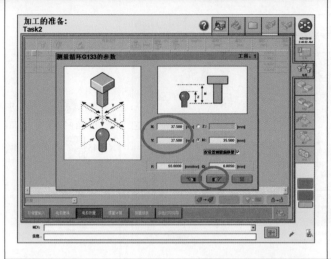	设置测量参数 X: 37.5; Y: 27.5; H: 35.5; F: 55, 按 继续 下一步
④ 粗加工电极定位	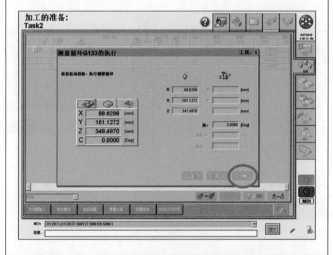	按手控盒上 键执行自动测量,得到 X、Y 向的电极偏移值,按对话框上的 键退出
	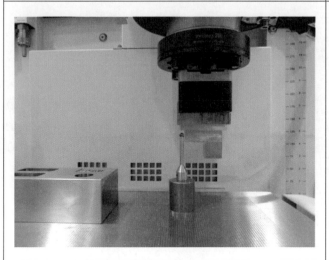	移动电极,使基准球置于电极基准台下方合适位置(通过目测确定即可)

步骤	示意图	说明
		点击 电极测量 进入电极测量循环选择界面，选择 G145 刀刃测量循环
④ 粗加工电极定位	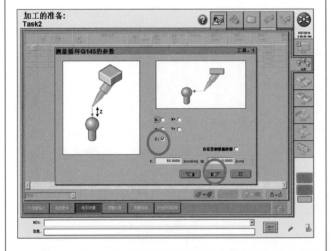	设置测量参数，选择 Z 方向，F: 55，按 ☞ 继续下一步
	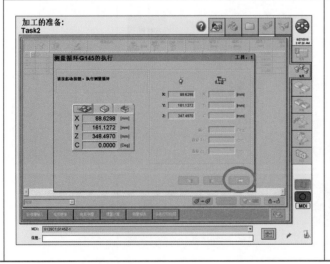	按手控盒上 键执行自动测量，得到 Z 向的电极偏移值，按对话框上的 键退出

步骤	示意图	说明
⑤精加工电极定位	 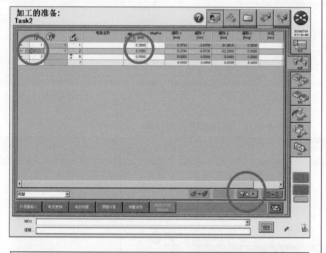 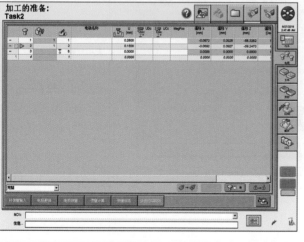	按住气动夹头开关，将粗加工电极从主轴夹头中取下；再次按住气动夹头开关，将精加工电极插入主轴夹头当中，松开气动夹头开关后自动锁紧 在 2 号电极行，将电极尺寸缩放量（U）设定为 0.15，按 ⬛ 键，激活电极 2 重复步骤④，进行精加工电极定位

项目四 数控电火花成形机床零件加工

⑦ 编写加工程序，多型腔加工放电图见图4-46，编写加工程序步骤见表4-18。

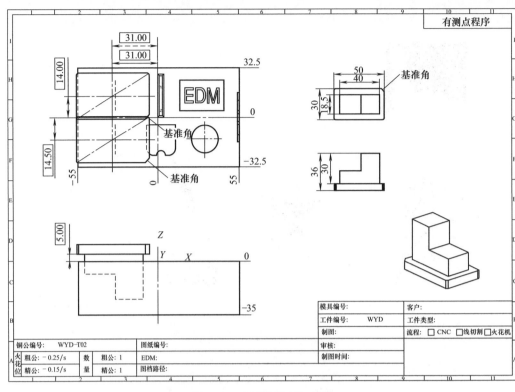

图 4-46　多型腔放电加工图

表 4-18　编写加工程序步骤

步骤	示意图	说明
① 型腔 设定	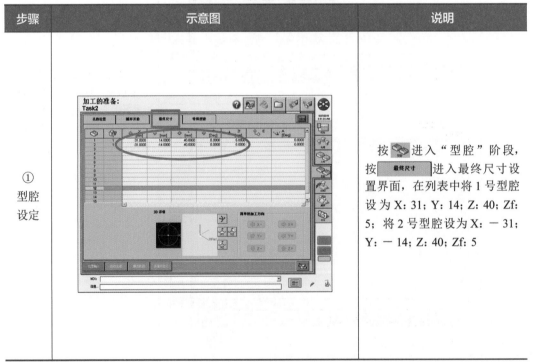	按 进入"型腔"阶段，按 最终尺寸 进入最终尺寸设置界面，在列表中将1号型腔设为 X：31；Y：14；Z：40；Zf：5；将2号型腔设为 X：－31；Y：－14；Z：40；Zf：5

步骤	示意图	说明
	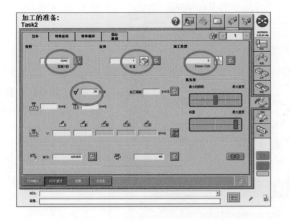	点击 进入"EDM"阶段，填写 EDM 参数（总体）：材料：CUAC（紫铜 / 钢）；应用：1（标准）；加工类型：2（Down/Orb），表面粗糙度：28
② EDM 参数	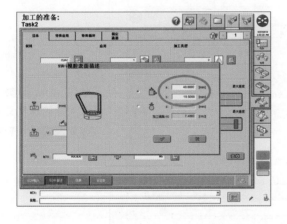	点击 进入填写放电面积，选择矩形，设定尺寸 a：40；b：18.5
	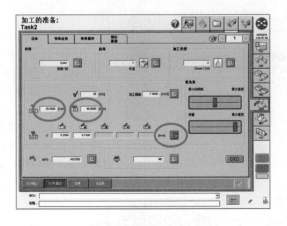	加工深度：25；电极长度：48；点 调出电极尺寸缩放量

步骤	示意图	说明
② EDM 参数	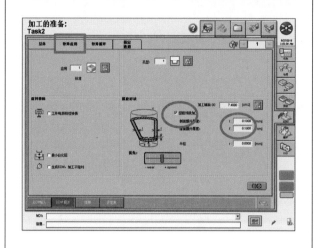	填写 EDM 参数（特殊应用），勾选型腔预铣加工，输入 I: 0.1；f: 0.1
	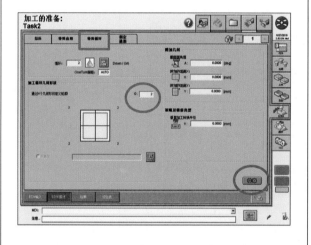	填写 EDM 参数（特殊循环），Q（轮廓定义）：2。设置完成按 生成放电参数
	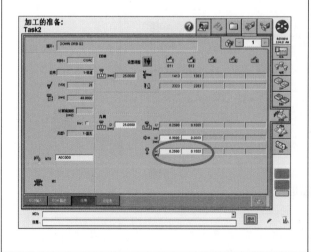	自动跳转至"结果"界面，将 S11、S12 列的 H 值分别补偿上电极尺寸缩放量值 0.25、0.15 提示：因为使用的是"最终尺寸"的加工深度模式，此处补偿深度方向粗、精电极的尺寸缩放量，否则加工深度会浅

步骤	示意图	说明
② EDM 参数	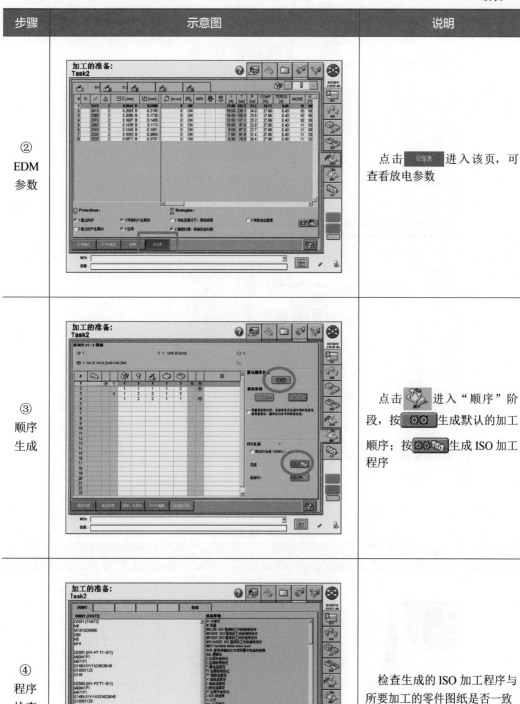	点击 设定表 进入该页，可查看放电参数
③ 顺序 生成		点击 进入"顺序"阶段，按 生成默认的加工顺序；按 生成 ISO 加工程序
④ 程序 检查		检查生成的 ISO 加工程序与所要加工的零件图纸是否一致

步骤	示意图	说明
④ 程序 检查	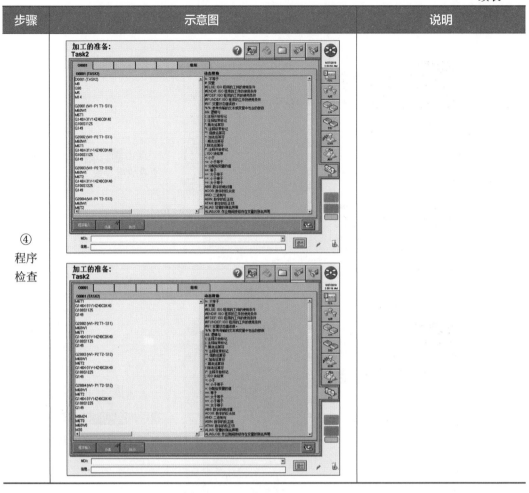	

⑧ 加工运行（见表4-19）。

表4-19 加工运行

步骤	示意图	说明
① 更换 电极	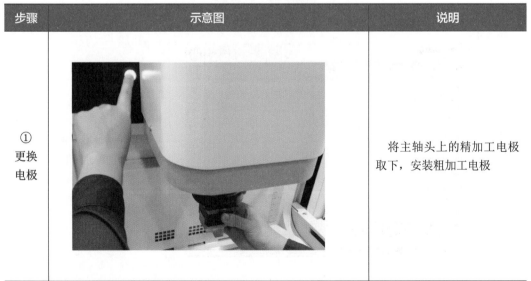	将主轴头上的精加工电极取下，安装粗加工电极

步骤	示意图	说明
② 关防护门	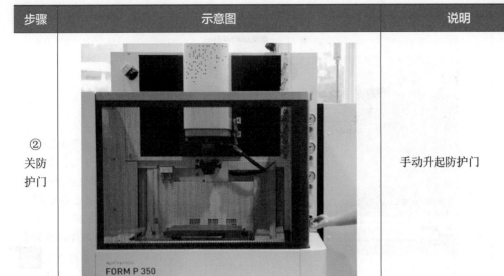	手动升起防护门
③ 执行程序		在"ISO"阶段页面，点 ，进入放电执行状态
	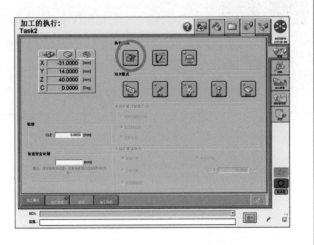	确认加工执行页处于加工模式 ，再按手控盒上 键执行程序

步骤	示意图	说明
④ 零件 加工		多型腔自动放电加工过程 　a. 电极 1 首先加工型腔 1，然后会自动移位至型腔 2 进行加工；加工完成后提示"手动加载刀具 2" 　b. 将电极 1 取下，安装上电极 2，再按手控盒上◇键继续执行程序。电极 2 先加工型腔 2，然后会自动移位至型腔 1 进行加工

⑨ 零件检验（见表 4-20）。

表 4-20　零件检验

步骤	示意图	说明
零件检验		使用深度尺检查型腔深度，使用游标卡尺检查型腔各部分尺寸

⑩ 关机保养。

【任务评价】

根据掌握情况填写学生自评表，见表 4-21。

表 4-21 学生自评表

项目	序号	考核内容及要求	能	不能	其他
开机操作	1	会检查机床火花油、导轨油是否足够			
	2	会开稳压器和冷却机			
	3	会识读机床各部压力表			
新建加工任务	4	会新建程序			
	5	会新建工作任务			
安装工件	6	能正确清洁永磁吸盘			
	7	能正确安装工件			
	8	能正确校正工件			
	9	能正确锁紧工件			
安装基准球	10	能正确安装基准球			
电极与工件定位	11	会在服务界面设置基准球测量参数			
	12	能独立完成基准球定位			
	13	会工件定位			
	14	会电极定位			
编辑程序	15	会识读放电加工图			
	16	会新建型腔			
	17	会设置 EDM 参数			
	18	会检查放电参数			
	19	会生成及检查 ISO 程序			
加工运行	20	会自动运行加工程序			
零件检验	21	会检测零件			
关机保养	22	会拆卸工件			
	23	会清洁工件			
	24	会关机操作			
	25	会清洁和保养机床			
签名		学生签名（ ） 教师签名（ ）			

【任务反思】 ⋯⋯⋯⋯⋯⋯⋯⋯⋯⋯⋯⋯⋯⋯⋯⋯⋯⋯⋯⋯⋯⋯⋯⋯

总结归纳学习所得，发现存在问题，并填写学习反思内容，见表4-22。

表4-22　学习反思内容

类型	内　　容
掌握知识	
掌握技能	
收获体会	
需解决问题	
学生签名	

【课后练习】 ⋯⋯⋯⋯⋯⋯⋯⋯⋯⋯⋯⋯⋯⋯⋯⋯⋯⋯⋯⋯⋯⋯⋯⋯⋯

一、问答题

1. 请简述如何使用基准球进行定位。

2. 在编辑定义"型腔"时选择"孔的位置"和"最终尺寸"有什么区别？

3. 加工过程中如果有粗、精两个电极如何手动更换？

二、实操题

在数控电火花成形机床上完成如下零件图所示的编程。

工件材料：模具钢

电极材料：紫铜

电极数量：2个

电极1尺寸缩放量：0.25mm/单边

电极2尺寸缩放量：0.10mm/单边

1	2	3	4	5	6

15 40

4×25

4×20 80 20 20

25 25

100

技术要求：
1.工件材料：钢；
2.放电加工表面粗糙度：VDI22。

电火花成形加工	比例	1:1
	材料	
多型腔放电加工训练习题	图号	

侧向放电加工

【工作任务】

侧向加工零件见图 4-47，零件图见图 4-48。

图 4-47　侧向加工零件

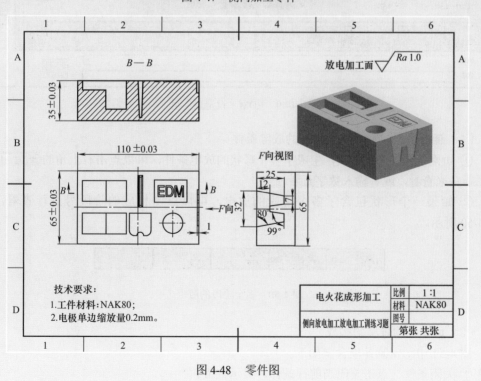

图 4-48　零件图

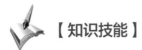

知识点 1 设定表

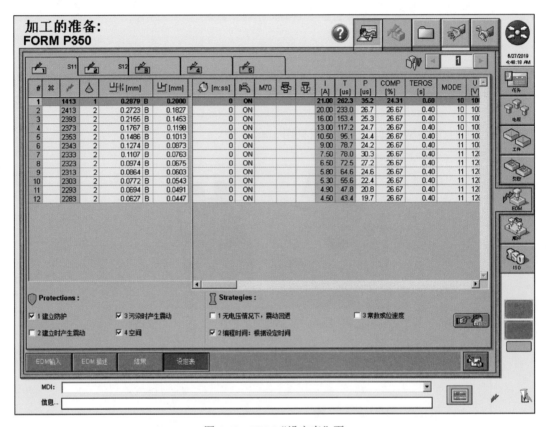

图 4-49 EDM "设定表"页

（1）查看不同形状与不同阶段的放电条件

① 如果设置了多个形状，生成了多个形状的放电条件，可以点击右上角的 [图标] 前后箭头来查看，或者输入数字查看。

② 如果一个形状包含了多个阶段的放电，可以点击相应的阶段号进行查看，如图 4-50 所示。

图 4-50 多个阶段的放电

（2）放电条件表格的构成

图 4-51 中①～⑩各项含义如下。

① 关闭条件 点击关闭当前行条件，显示红叉。

② 放电条件号　条件号由 4 个数组成。第一个数字包括 1、2，1 代表此条件为不平动的放电参数；2 代表平动的放电参数。中间 2 个数字代表 VDI，条件号依次从大到小。最后一个数字代表加工策略，2 为低损耗；3 为标准值；4 为高效率。

③ 平动控制　1 代表关闭平动功能；2 代表使用平动功能。

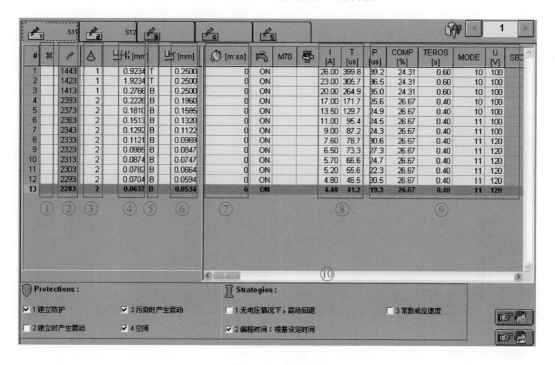

图 4-51　放电条件

④，⑤ 底部留量控制　T 代表从型腔顶部 0 位计算，为加工深度的意思，如 0.923T，代表加工至 0.923 处；B 代表从型腔底部计算，为预留量的多少，如 0.276B，代表预留 0.276mm。

⑥ 侧面预留量。

⑦ 定时加工　显示为 min：s，可以直接输入数值（单位为 s），也可以直接输入"："形式。

⑧ 电流与脉冲宽度　I 为电流，T 为脉冲宽度，这两个参数直接决定了放电加工能量的大小。一般情况下，这两个值被系统保护，显示为灰色状态，不能被修改。只有在"服务页→用户→当前使用权限"下选择了"专家中心"才能进行修改。

⑨ 其他放电参数，尺寸不作详细介绍。

⑩ 每一个放电条件的保护策略与加工策略。

（3）条件编辑

图 4-52 为功能列表菜单  。

图 4-52　功能列表菜单

知识点 2　ISO 程序及代码

（1）ISO 程序的识读

如图 4-53 所示为 ISO 程序页。

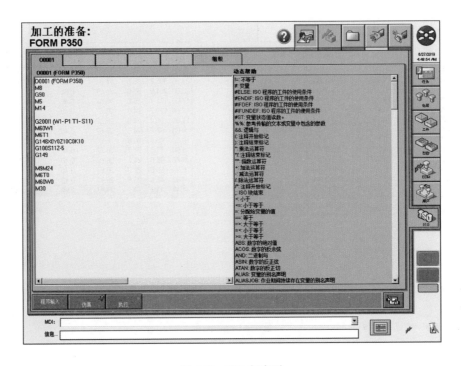

图 4-53　ISO 程序页

O0001（FORM P350）	
M8	开启冲液功能
G90	绝对坐标
M5	关闭 C 轴旋转模式
M14	释放 C 轴制动器
G200I1（W1-P1 T1-S11）	序列标记
M60W1	更换工件 1
M6T1	更换电极 1
G148X0Y0Z10C0K10	XYZC 位置定位
G100S11Z-5	默认的放电，从 EDM 中调取结果及 S11 设定
G149	取消 G148 设定的基准
M9M24	关闭冲液功能；工作液槽热平衡循环
M6T0	放回电极
M60W0	放回工件
M30	程序结束

（2）常用 ISO 代码

①常用 G 指令（见表 4-23）。

表 4-23　常用 G 指令

指令	功能描述	格式
G00	定位到指定位置	G00 X__ Y__ Z__ C__
G01	线性插补加工	G01 X__ Y__ Z__ C__
G02	顺时针圆弧插补	G02 X__ Y__ I__ J__
G03	逆时针圆弧插补	G03 X__ Y__ I__ J__
G04	延时指定的时间	G04 X__ 单位：s
G53	机械坐标系定位	G53 X__ Y__ Z__ C__
G90	绝对坐标模式	
G91	增量坐标模式	
G100	通用放电模式	G100 S__（Z__） S：设置表的编号 Z：Z 轴放电所达到的坐标值
G101	Down 加工	G101 D__ S__（H__） G101 Z__ S__（H__） G101 D10 S11 H0.10 D：型腔的深度 H：型腔深度的修正值
G102	Down/Orb 加工	G102 D__ U__ S__（H__）（W__）（Q__）（X__）（Y__） G102 Z__ U__ S__（H__）（W__）（Q__）（X__）（Y__） U：电极尺寸缩放量 W：型腔宽度的修正值 Q：轨迹形状，1 为圆，2 为方 X：沿 X 轴的附加距离 Y：沿 Y 轴的附加距离
G103	Down/Expan 加工	G103 D__ U__ S__（H__）（W__）（R__）（Q__）（F__）（X__） （Y__） G103 Z__ U__ S__（H__）（W__）（R__）（Q__）（F__）（X__） （Y__） R：附加的平动半径 F：上下精修加工
G104	Isogap 加工	G104 D__ U__ S__（H__）（W__）（R__）（I__）（B__） G104 Z__ U__ S__（H__）（W__）（R__）（I__）（B__） I：经线数 B：纬线数
G133	求电极偏心	G133Z-1
G147	定位与基准球上方	G147 G147 Z__
G148	型腔定位基准	G148（X__）（Y__）（Z__）（C__）（K__）（A__）（B__）
G149	取消定位基准	
G150	预设工件坐标值	G150（X__）（Y__）（Z__）（C__）（D__） G150X0Y0D1

② 常用 M 代码（见表 4-24）。

表 4-24　常用 M 代码

指令	功能描述	格式
M00	暂停执行	
M01	条件选择性暂停	
M02	程序结束	
M3	C 轴顺时针旋转	M3 S__ S：旋转速度，单位 r/min
M4	C 轴逆时针旋转	M4 S__
M5	C 轴不旋转	
M6	电极更换	M6 T__ T：电极编号
M22	工作液槽充满	
M23	工作液槽排空	
M24	工作液槽热平衡循环	
M25	工作液槽上升与充满	M25 H__ H：液位高度
M30	程序结束	
M54	打开油泵	仅 FORM X/X0 可用
M55	关闭油泵	仅 FORM X/X0 可用
M60	更换工作	M60 W__ F__ W：工件编号 F0：工件交换时油槽会排空并降到热稳定的高度，然后将自动充液 　F1：在工件交换时油槽会完全排空，然后将自动充液

 【任务目标】 ··

① 会选用侧向放电加工所需工具、量具及夹具。

② 会编写侧向放电加工的加工程序。

③ 会使用机床进行侧向放电加工。

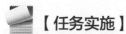【任务实施】

（1）基本要求

① 培养学生良好的工作作风和安全意识。

② 培养学生的责任心和团队精神。

③ 掌握零件侧向放电加工方法。

（2）设备与器材

实训所需的设备与器材见表4-25。

表4-25　设备及器材清单

项目	名称	规格	数量
设备	数控电火花成形机床	GF 加工方案 FORM P 350	3～5台
夹具	永磁吸盘	250mm	3～5个
电极	铜电极	配套	3～5个
工具	油石	1000目	3～5块
	铜棒	配套	3～5个
	吸盘扳手	配永磁吸盘	3～5把
	内六角扳手	配套	3～5套
量具	游标卡尺	0～150mm	3～5把
	杠杆百分表	0.001mm 精度，红宝石头	3～5个
	深度尺	0～150mm	3～5把
	钢直尺	20cm	3～5把
	固定的基准测球	3R-US400.3（5）	3～5个
	测头	3R-656.31-3（5）P	3～5个
备料	NAK80	长110mm、宽65mm、高40mm精毛坯	3～5个
其他	毛刷、碎布、酒精	配套	一批

（3）内容与步骤

① 开机操作。

② 新建加工任务（见表4-26）。

表 4-26　新建加工任务

步骤	示意图	说明
① 新建 程序	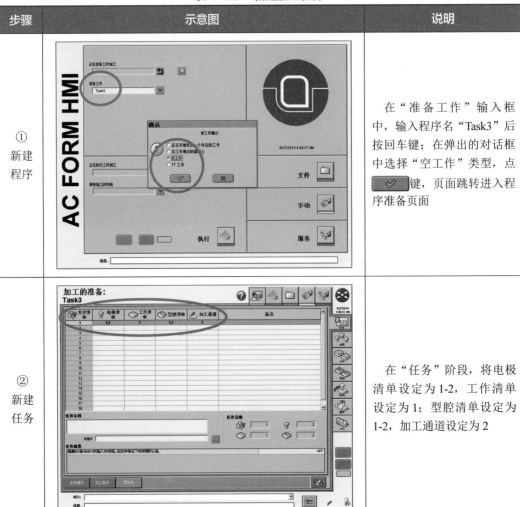	在"准备工作"输入框中，输入程序名"Task3"后按回车键；在弹出的对话框中选择"空工作"类型，点⬡键，页面跳转进入程序准备页面
② 新建 任务		在"任务"阶段，将电极清单设定为 1-2，工作清单设定为 1；型腔清单设定为1-2，加工通道设定为 2

③ 安装工件。

④ 固定基准球（见表 4-27）。

表 4-27　固定基准球

步骤	示意图	说明
固定 基准 球	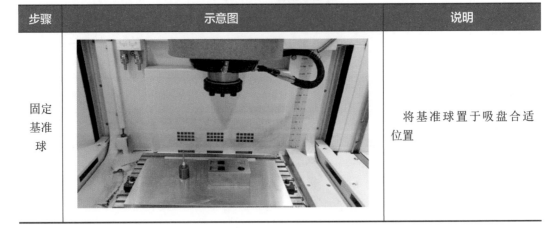	将基准球置于吸盘合适位置

⑤ 安装测头（见表4-28）。

表 4-28　安装测头

步骤	示意图	说明
安装测头	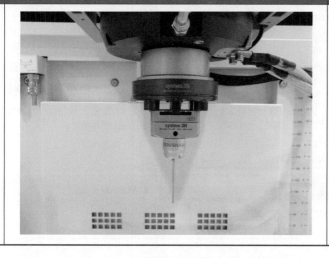	按住气动夹头开关，将测头插入主轴夹头当中，松开气动夹头开关后自动锁紧

⑥ 电极与工件定位（见表4-29）。

表 4-29　电极与工件定位

步骤	示意图	说明
① 基准球定位	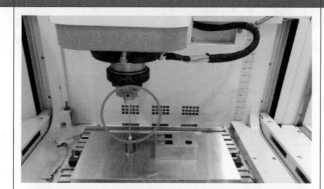	将测头移动到基准球正上方（通过目测确定即可）
	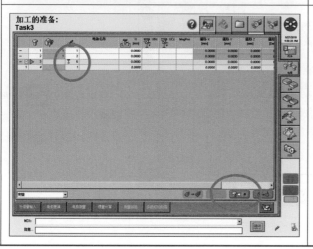	进入"电极"阶段，在3号电极行，将放电阶段序号设为6，选择3号电极，点击 键，激活测头

步骤	示意图	说明
① 基准球定位		点击 电极测量 进入测量循环选择界面，选择 G131 基准球测量方式
	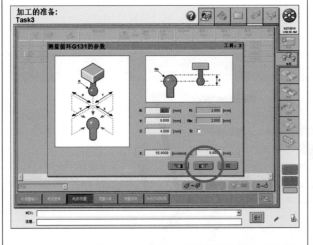	在任务 2 中，我们已经在服务页面设置过参考刀具与参考球的半径值，此处的 X、Y、Z 值使用默认设定值即可，点击 继续下一步
	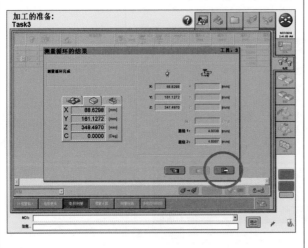	按手控盒上 键执行自动测量，完成基准球测量；点击对话框上的 键退出

步骤	示意图	说明
	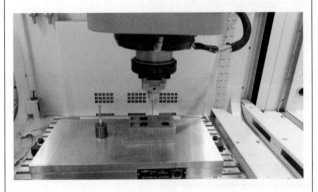	进入"工件"阶段,在1号工件行,将液位高度(HDiel)参数设定为125,点击 激活工件
② 工件 定位	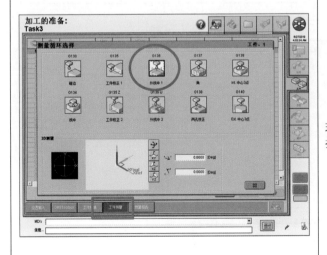	将测头移动到工件正上方(通过目测确定即可)
		点击 工件测量 进入工件测量循环选择界面,选择 G136 外找中1测量方式

步骤	示意图	说明
	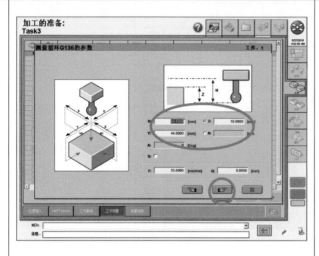	设置测量参数 X：66.5；Y：44；Z：10；F：55，按 ☞ 继续下一步
② 工件 定位	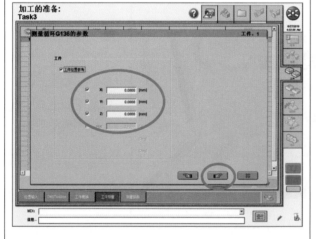	设置工件参考点为 X：0；Y：0；Z：0，按 ☞ 继续下一步；再按手控盒上 ◆ 键执行自动测量
	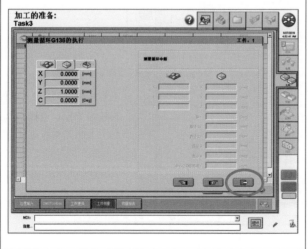	找外中心完成后，工件坐标已被自动设置为 X：0；Y：0；Z：1；C：0，按 ↪ 退出测量功能

步骤	示意图	说明
	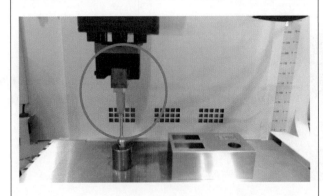	按住气动夹头开关，将测头从主轴夹头中取下；再次按住气动夹头开关，将粗加工电极插入主轴夹头当中，松开气动夹头开关后自动锁紧 　　将电极移动到基准球正上方（通过目测确定即可）
③粗加工电极定位	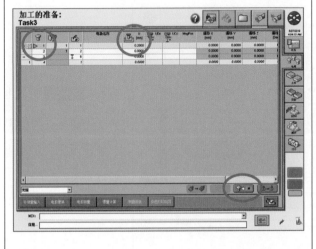	进入"电极"阶段，在1号电极行，将电极尺寸缩放量（U）设定为0.2；选择1号电极，点击 █▶# 键，激活电极1
	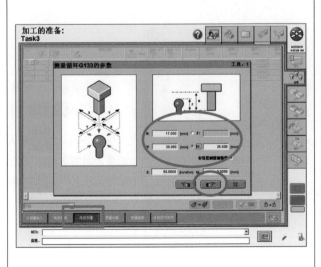	点击 电极测量 进入电极测量循环选择界面，选择G133 电极偏移1测量方式；设置测量参数 X：17.05；Y：30；H：35.5；F：55；按 █ 继续下一步；按手控盒上 █ 键执行自动测量，得到 X、Y 向的电极偏移值，按对话框上的 █▶ 键退出

项目四　数控电火花成形机床零件加工

步骤	示意图	说明
	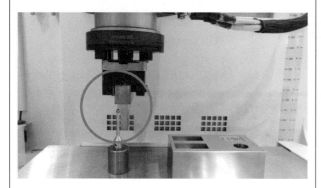	移动电极，使基准球置于电极基准台下方合适位置（通过目测确定即可）
③ 粗加工电极定位		点击 电极测量 进入电极测量循环选择界面，选择 G145 刀刃测量循环
	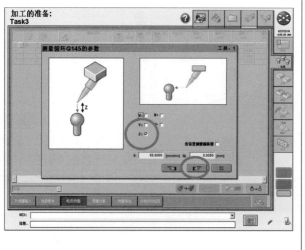	设置测量参数，选择 Z 方向，F：55，点击 继续下一步 按手控盒上 键执行自动测量，得到 Z 向的电极偏移值，按对话框上的 键退出

步骤	示意图	说明
④ 精加工电极定位	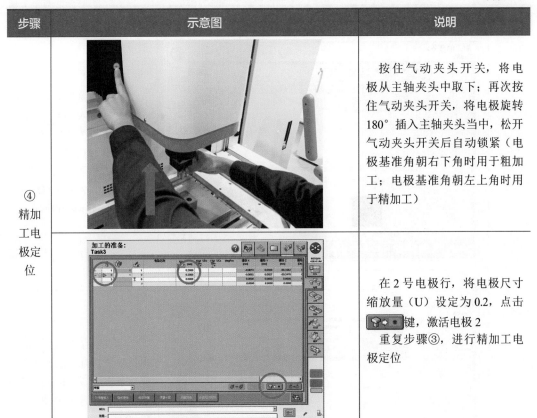	按住气动夹头开关，将电极从主轴夹头中取下；再次按住气动夹头开关，将电极旋转180°插入主轴夹头当中，松开气动夹头开关后自动锁紧（电极基准角朝右下角时用于粗加工；电极基准角朝左上角时用于精加工）
	  在2号电极行，将电极尺寸缩放量（U）设定为0.2，点击 ⬚⇒# 键，激活电极2 重复步骤③，进行精加工电极定位

⑦ 编写加工程序。侧向放电加工图见图4-54，编写加工程序步骤见表4-30。

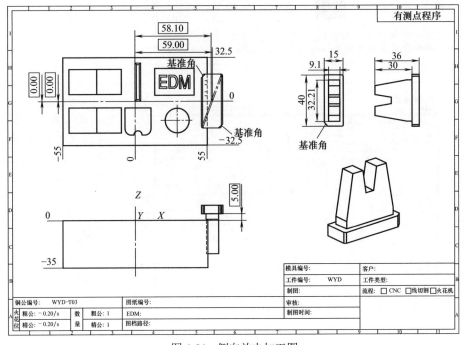

图4-54 侧向放电加工图

表 4-30　编写加工程序步骤

步骤	示意图	说明
① 型腔 设定	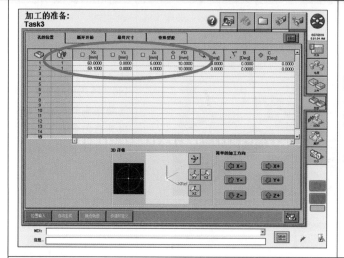	进入"型腔"阶段，按 [孔的位置]进入型腔设定， 在列表中将 1 号型腔设为 Xc: 60; Yc: 0; Zc: 5; FD: 10; 将 2 号型腔设为 Xc: 59.1; Yc: 0; Zc: 5; FD: 10 提示：X 轴向预设回退了 1mm
	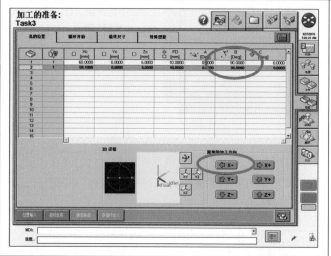	分别选择 1、2 号型腔， 在"简单的加工方向"区 域，点选 X– 方向，可以看 到 1、2 号型腔的 B 值已变 成 90 提示：默认加工方向为 Z–，在此处选择加工方向 后会自动产生 A、B 角度， 这是侧向放电加工的要点
② EDM 参数	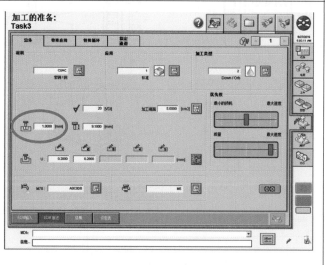	进入"EDM"阶段，填 写 EDM 参数（总体）： 材料：CUAC（紫铜 / 钢）； 应用：1（标准）；加工类型： 2（Down/Orb）；表面粗糙 度：20；加工端面：5；加 工深度：1；电极长度：9.1； 点 [ ] 调出电极尺寸缩放 量，其他使用默认设置， 按 [ ] 生成放电参数 提示：此处的加工深度 为在"型腔"阶段预设回 退的 1mm

步骤	示意图	说明
② EDM 参数	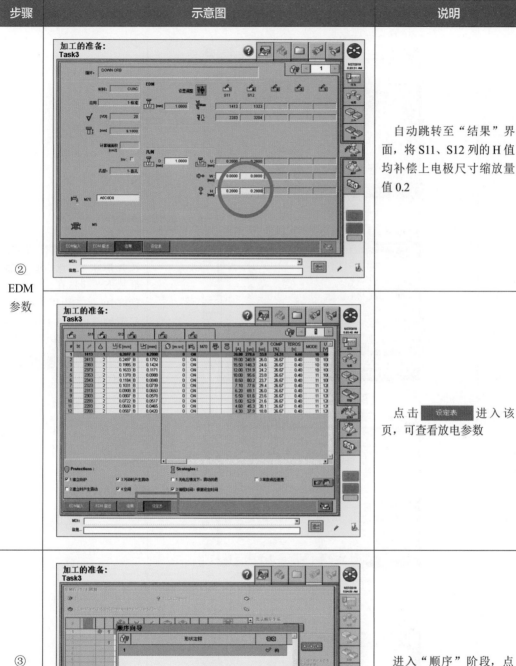	自动跳转至"结果"界面，将 S11、S12 列的 H 值均补偿上电极尺寸缩放量值 0.2 点击 设定表 进入该页，可查看放电参数
③ 顺序 生成		进入"顺序"阶段，点击 生成默认的加工顺序

步骤	示意图	说明
③ 顺序 生成	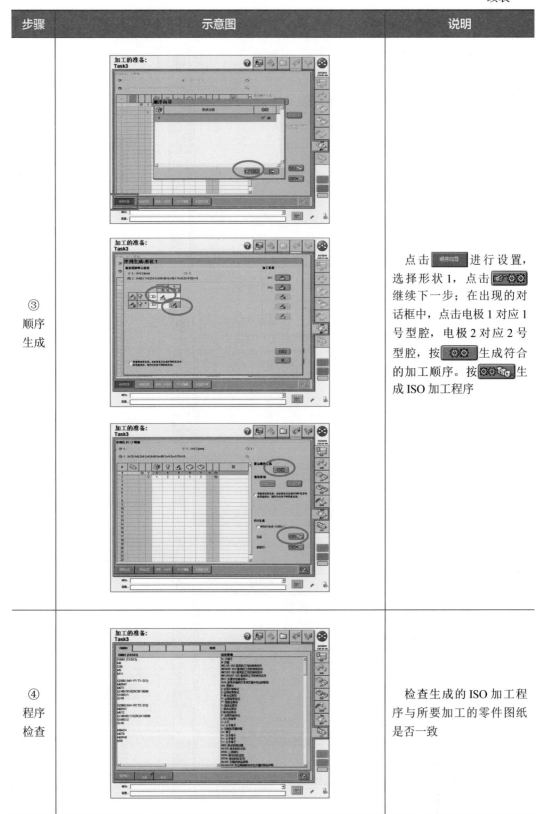	点击 顺序向导 进行设置，选择形状 1，点击 继续下一步；在出现的对话框中，点击电极 1 对应 1 号型腔，电极 2 对应 2 号型腔，按 生成符合的加工顺序。按 生成 ISO 加工程序
④ 程序 检查		检查生成的 ISO 加工程序与所要加工的零件图纸是否一致

⑧ 加工运行（见表 4-31）。

表 4-31　加工运行

步骤	示意图	说明
① 更换电极		将主轴头上的电极取下旋转 180°后安装上去，电极处于粗加工位置
② 关防护门		手动升起防护门
③ 执行程序		在"ISO"阶段页面，点 执行 ，进入放电执行状态

步骤	示意图	说明
③ 执行 程序	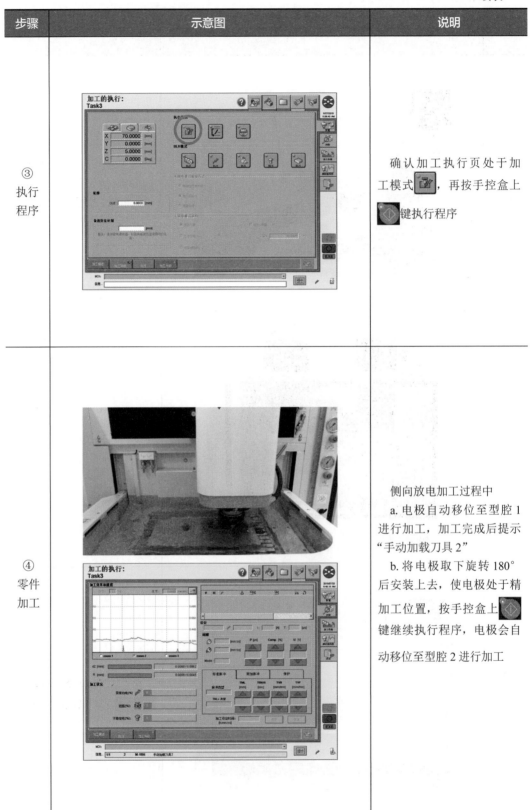	确认加工执行页处于加工模式 ，再按手控盒上 键执行程序
④ 零件 加工		侧向放电加工过程中 a. 电极自动移位至型腔 1 进行加工，加工完成后提示 "手动加载刀具 2" b. 将电极取下旋转 180° 后安装上去，使电极处于精加工位置，按手控盒上 键继续执行程序，电极会自动移位至型腔 2 进行加工

⑨ 零件检验（见表 4-32）。

表 4-32　零件检验

步骤	示意图	说明
零件检验		使用深度尺检查型腔深度，使用游标卡尺检查型腔各部分尺寸

⑩ 关机保养。

【任务评价】

根据掌握情况填写学生自评表见表 4-33。

表 4-33　学生自评表

项目	序号	考核内容及要求	能	不能	其他
开机操作	1	会检查机床火花油、导轨油是否足够			
	2	会开稳压器和冷却机			
	3	会识读机床各部位压力表			
安装工件	4	能正确清洁永磁吸盘			
	5	能正确安装工件			
	6	能正确校正工件			
	7	能正确锁紧工件			
安装电极	8	能正确使用电极夹头			
	9	能正确安装电极			
工件测量	10	会新建加工程序			
	11	会使用 G136 方式测量工件			
编辑程序	12	会设置任务参数			
	13	会设置 EDM 参数			
	14	会生成 ISO 程序			
	15	会检查 ISO			

项目	序号	考核内容及要求	能	不能	其他
加工运行	16	会选择加工程序			
	17	能执行程序			
	18	能完成零件加工			
零件检验	19	会检测零件			
关机保养	20	会拆卸工件			
	21	会清洁工件			
	22	会关机操作			
	23	会清洁和保养机床			
签名	学生签名（　　　）		教师签名（　　　）		

【任务反思】

总结归纳学习所得，发现存在问题，并填写学习反思内容，见表4-34。

表4-34　学习反思内容

类型	内　　容
掌握知识	
掌握技能	
收获体会	
需解决问题	
学生签名	

【课后练习】

一、问答题

1. 如何使用 G150 指令代码预设当前位置为工件坐标原点？

2. 请简述零件侧向放电加工时，如何设置型腔参数。

3. 请简述程序语句"G102 D15 U0.15 S21 Q2 X0.015"的含义。

二、实操题

在数控电火花成形机床上完成如下零件图所示的编程。

工件材料：模具钢

电极材料：紫铜

电极数量：2 个

电极 1 尺寸缩放量：0.25mm/ 单边

电极 2 尺寸缩放量：0.10mm/ 单边

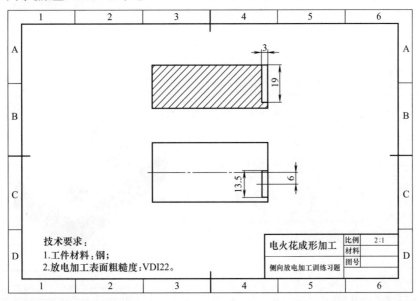

技术要求：
1.工件材料：钢；
2.放电加工表面粗糙度：VDI22。

电火花成形加工	比例	2:1
	材料	
侧向放电加工训练习题	图号	

深槽型腔放电加工

【工作任务】

深槽型腔放电加工零件见图 4-55，零件图见图 4-56。

图 4-55　深槽型腔放电加工零件

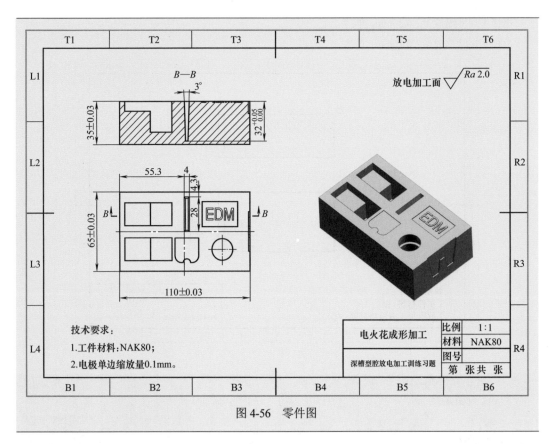

图 4-56　零件图

【知识技能】

知识点 1　特殊应用设定

见图 4-57，在本页设定特殊的电极形状、工件预加工等信息。

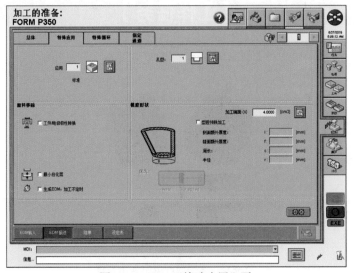

图 4-57　EDM "特殊应用" 页

电火花成形机床操作与加工

（1）孔型

如图 4-58 所示，可设定如下 4 种孔型。

图 4-58 中①～④各项含义如下。

① 直孔　默认的孔型。

② 锥度　适用于全周锥度的型腔，由于锥度的存在，可以将粗加工过程分成不同的深度阶段，使用更大的放电能量，以此来提高加工速度。选择此项时，输入的角度是单边角度。

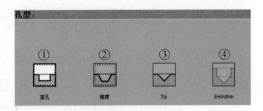

图 4-58　孔型

③ Tip　适用于底部为尖点的全周锥度的型腔。选择此项后，无须输入加工端面。

④ Evolutive　底部尖点侧壁垂直的加工。

（2）模腔形状

如果型腔有预铣加工，可以勾选此项，在粗加工阶段不会使用大电流进行加工。需要定义预铣后侧面的余量、底部的余量、型腔的周长、预铣剩余圆角的半径。

（3）工件／电极极性转换

通常加工是将工件安装于工作台，电极安装于主轴。在需要将工件安装于主轴时，勾选此项即可，系统会对参数的极性自动进行更改。

（4）生成 EDM，加工不定时

勾选此项时，系统将不会对所有的精细加工条件进行时间设定。

知识点 2　执行页面

（1）配置

如图 4-59 所示为执行配置页面。

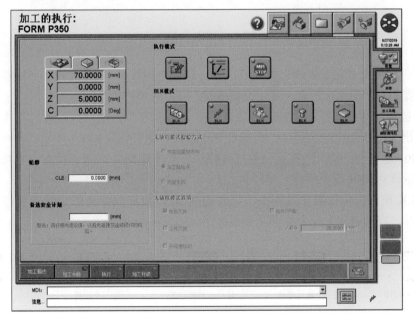

图 4-59　执行配置

① 坐标系　在界面的左上方，分别显示了轴在三个坐标系下的位置，见图 4-60。

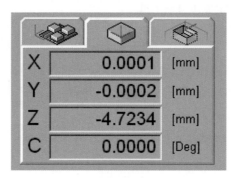

图 4-60　坐标系

② 执行模式　加工模式：当按钮绿色灯亮时，表示机床处于可执行放电加工状态；当按钮绿色灯灭时，表示机床处于空运行模拟模式，此时界面"无放电模式"的两部分对话框由灰变亮，可以对空运行参数进行设置，见图 4-61。

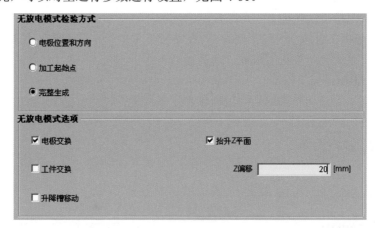

图 4-61　空运行参数设定

注意：当使用"完整生成"模式时，务必勾选"抬升 Z 平面"，并在 Z 偏移中输入大于加工深度的安全距离，否则会发生电极碰撞。

可选程序段的执行：当按钮绿色灯亮时，表示带"/"的程序跳过，不执行该段加工；当按钮绿色灯灭时，表示带"/"的程序不跳过，执行该段加工。

M01 选择性停止：当按钮绿色灯亮时，表示读到 M01 时暂停执行；当按钮绿色灯灭时，表示读到 M01 时不暂停，继续执行。

③ BLK 模式　执行程序过程中，只要遇到 BLK 指定的要素都会发生暂停。按执行键可以继续，直到遇到下一个要素又会被暂停。如图 4-62 所示。

第一行ISO程序　　每一个放电条件　　每一个型腔位置　　每一个电极　　每一个工件

图 4-62　BLK 模式

（2）间隙

如图4-63所示为间隙页。

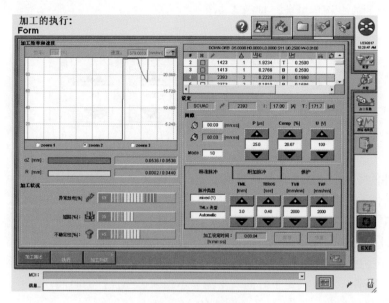

图4-63　间隙页

① 加工条件查看　当前执行的放电条件表，见图4-64。

#	✄	⚡	⚠	⊔⊔⊓		⊔⊔		⚙	↻
2	☐	1423	1	1.9234	T		0.2500		
3	☐	1413	1	0.2766	B		0.2500		
4	☐	2393	2	0.2228	B		0.1960		
5	☐	2272		0.1910	B		0.1695		

DOWN ORB　D5.0000 H0.0000 L0.0000 S11 U0.2500 W-0.0100

图4-64　执行的放电条件表

通过代码，可以了解到总体加工信息。比如"DOWN ORB D5.000 H0.000 L0.000 S11 U0.25 W-0.01"表达了正在执行的程序使用的是 DOWN ORB 平动，加工深度为 5.0，H 与 L 未设置，使用 S11 设定表中的条件，电极尺寸缩放量为 0.25，型腔尺寸减少 0.01mm。当前执行的条件行的被加深颜色高亮显示。可以在执行状态下，点叉关闭未被执行的条件。

当前执行放电条件的部分参数。

a. 不能被修改的参数处于灰色状态，见图4-65。

图4-65　不能被修改的参数

SCUAC　材料组合，电极 - 工件材料。

2393　放电条件号。

I：加工电流，A。

T：脉冲宽度，μs。

b. 可修改的放电相关参数，见图 4-66。

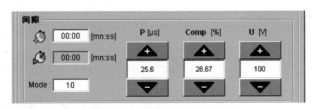

图 4-66　可修改的放电相关参数

P：脉冲间隙，μs，加大此值可提高放电稳定性。

Comp：伺服基准，减小此值可提高放电稳定性。

U：放电电压，V，加大此值可提高放电稳定性。

Mode：脉冲波形，建议不要轻易修改。

定时：00：00 代表当前条件未设定时间。可以对条件设定加工时间，到达设定时间后执行下一个条件，如果设定了时间，下面显示当前已经执行的时间。

c. 抬刀及优化参数，见图 4-67～图 4-69。

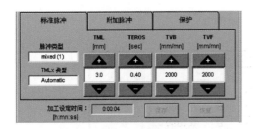

图 4-67　抬刀及优化参数

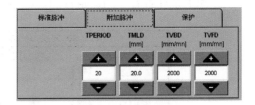

图 4-68　附加脉冲

图 4-69　保护

TML：抬刀高度，mm。

TEROS：放电时间，s。

TVB：往上的抬刀速度，mm/min。

TVF：往下的抬刀速度，mm/min。

脉冲类型：

• mixed（1）：放电时间由所设定的 TEROS 控制，但系统会根据策略自动优化。

• process（2）：放电时间完全由系统根据策略控制，不受 TEROS 设定值的影响。

• user（3）：放电时间完全由设定的 TEORS 控制，系统不会进行优先。

• without：关闭抬刀动作。

TMLx 类型：

• Automatic：系统根据设定的抬刀高度，自动调整抬刀高度，也就是说随着加工深度的增大，抬刀高度增大。

• Fix：按预设的抬刀高度值 TML，保持不变。

保存与恢复：当参数被修改后，保存与恢复项就可以使用。点"保存"可将当前修改的参数存储于当前程序的设定表中，点"恢复"则恢复默认参数。

TPERIOD：指定标准抬刀动作的次数之后增加一个额外的抬刀动作。此值设为 0 则代表不使用此功能。

TMLD：额外抬刀动作的高度。

TVBD：额外抬刀动作往上的抬刀速度。

TVFD：额外抬刀动作往下的抬刀速度。

MS：调整加工优化的灵敏度（－5～＋5），值越大越灵敏，系统会对加工进行更多的自动干预。

建立防护：自动识别并关闭不良的放电脉冲。

建立时产生震动：当识别到不良放电脉冲时，自动产生抬刀动作。

污染时产生震动：当识别到短路的放电脉冲时，自动产生抬刀动作。

空间：当有短路脉冲发生时，施加一个相对较大能量的脉冲来消除短路。

② 当前加工量及实际加工量　通过此进度条可以判断当前放电条件的进展，dZ 代表深度方向，R 代表平动方向，如图 4-70 所示。

③ 加工状况　供参考异常放电、短路、不稳定性脉冲的情况，绿色代表良好状态，黄色代表一般状态，红色代表不良状态，如图 4-71 所示。

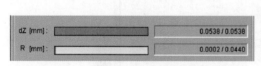

图 4-70　当前加工量及实际加工量

图 4-71　加工状况

（3）加工监测

如图 4-72 所示为加工监测页面。

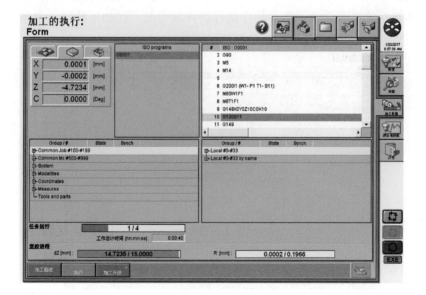

图 4-72　加工监测

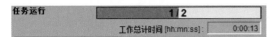

① ISO 程序查看　查看当前 ISO 程序的执行情况，当前执行段被橙线高亮显示。

② 任务运行　进度条显示了任务（型腔数目）的进度，如图 4-73 所示。

图 4-73　任务进度条

③ 当前型腔的进度　dZ：当前型腔实际到达的深度值与目标深度值；R：当前实际到达的平动量与目标平动量，如图 4-74 所示。

dZ [mm] :	14.7235 / 15.0000	R [mm] :	0.0002 / 0.1966

图 4-74　型腔进度条

（4）跟踪曲线图

见图 4-75，此页面主要用图形实时反映加工路径。

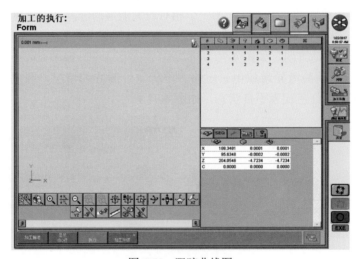

图 4-75　跟踪曲线图

（5）历史

见图 4-76，此页面记录了当前程序执行的详细情况，比如了解每一个条件、每一个放电阶段、每一个型腔的加工时间及总加工时间等。

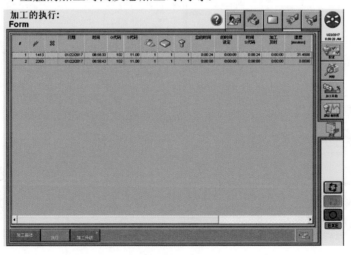

图 4-76　历史

电火花成形机床操作与加工

一个加工任务自动完成或者手动取消执行后，该记录会生成一个加工报告并被存储，下一次执行加工将会清除当前页面的记录。暂停加工的继续执行，不会清除当前页面的记录。

 【任务目标】 ....

① 会选用深槽型腔放电加工所需工具、量具及夹具。

② 会编写深槽型腔放电加工的加工程序。

③ 会使用机床进行深槽型腔放电加工。

 【任务实施】 ....

（1）基本要求

① 培养学生良好的工作作风和安全意识。

② 培养学生的责任心和团队精神。

③ 掌握零件深槽型腔放电加工方法。

（2）设备与器材

实训所需的设备与器材见表4-35。

表4-35 设备及器材清单

项目	名称	规格	数量
设备	数控电火花成形机床	GF 加工方案 FORM P 350	3～5 台
夹具	永磁吸盘	250mm	3～5 个
电极	铜电极	配套	3～5 个
工具	油石	1000 目	3～5 块
	铜棒	配套	3～5 个
	吸盘扳手	配永磁吸盘	3～5 把
	内六角扳手	配套	3～5 套
量具	游标卡尺	0～150mm	3～5 把
	杠杆百分表	0.001mm 精度，红宝石头	3～5 个
	深度尺	0～150mm	3～5 把
	钢直尺	20cm	一批
	固定的基准测球	3R-US400.3（5）	3～5 个
	测头	3R-656.31-3（5）P	3～5 个
备料	NAK80	长 110mm、宽 65mm、高 40mm 精毛坯	3～5 个
其他	毛刷、碎布、酒精	配套	3～5 个

（3）内容与步骤

①开机操作。

②新建加工任务（见表4-36）。

表4-36　新建加工任务

步骤	示意图	说明
① 新建 程序	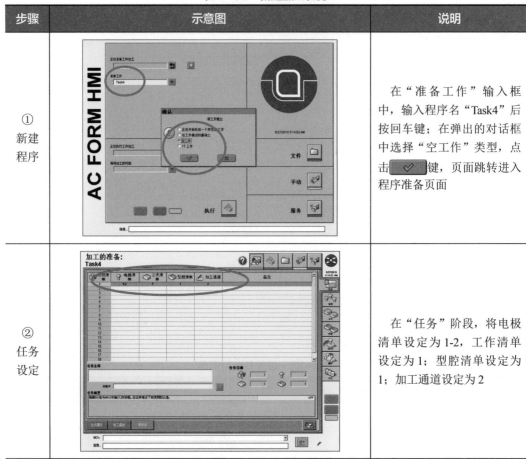	在"准备工作"输入框中，输入程序名"Task4"后按回车键；在弹出的对话框中选择"空工作"类型，点击　　　键，页面跳转进入程序准备页面
② 任务 设定		在"任务"阶段，将电极清单设定为1-2，工作清单设定为1；型腔清单设定为1；加工通道设定为2

③安装工件。

④固定基准球（4-37）。

表4-37　固定基准球

步骤	示意图	说明
固定 基准 球		将基准球置于吸盘合适位置并固定

⑤ 安装测头。

⑥ 电极与工件定位（见表 4-38）。

表 4-38　电极与工件定位

步骤	示意图	说明
① 基准球定位	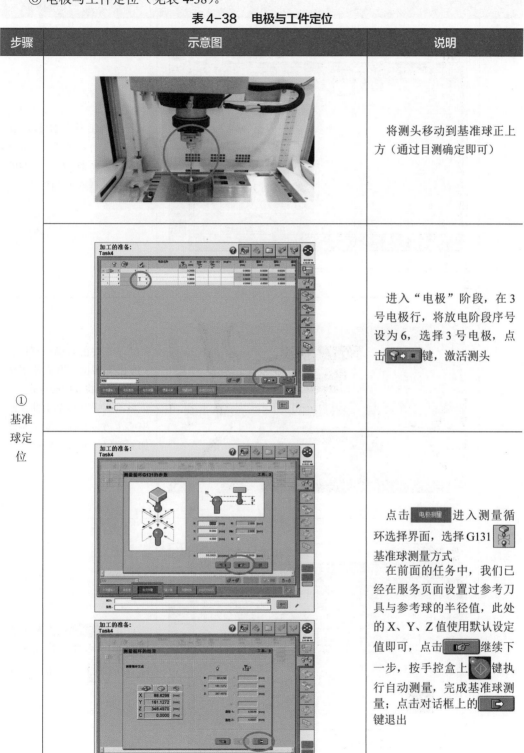	将测头移动到基准球正上方（通过目测确定即可） 进入"电极"阶段，在 3 号电极行，将放电阶段序号设为 6，选择 3 号电极，点击 ▒▒▒ 键，激活测头 点击 电极测量 进入测量循环选择界面，选择 G131 ▒ 基准球测量方式 在前面的任务中，我们已经在服务页面设置过参考刀具与参考球的半径值，此处的 X、Y、Z 值使用默认设定值即可，点击 ▒▒ 继续下一步，按手控盒上 ▒ 键执行自动测量，完成基准球测量；点击对话框上的 ▒▒ 键退出

步骤	示意图	说明
	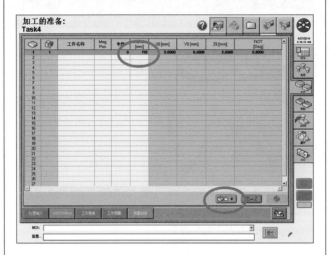	进入"工件"阶段，在1号工件行，将液位高度（HDiel）参数设定为110，点击 激活工件
② 工件 定位		由于工件的右侧已有任务3的加工部位，不能使用标准的G136找外中心方式 将测头手动移至工件X向中心上方，Y向要偏移避开加工部位（通过目测确定即可）
	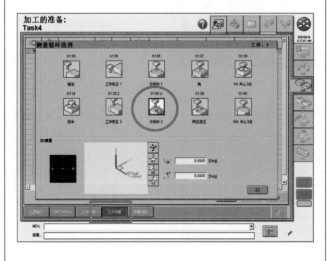	点击 工件测量 进入工件测量循环选择界面，选择G136IJ 外找中2测量方式

步骤	示意图	说明
② 工件 定位	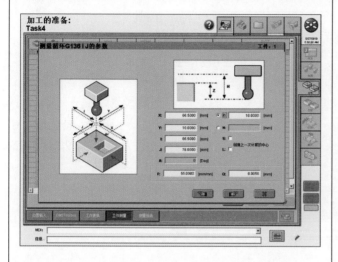	设置测量参数 X：66.5；Y：10；I：66.5；J：78；Z：10；F：55；点击 继续下一步
	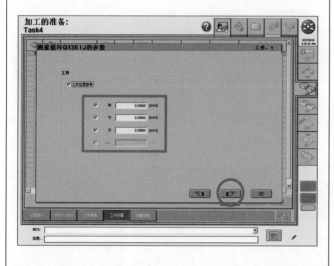	设置工件参考点为 X：0；Y：0；Z：0；单击 继续下一步。再按手控盒上 键执行自动测量，找外中心完成后，工件坐标已被自动设置为 X：0；Y：0；Z：1；C：0；按 退出测量功能
③ 粗加 工电 极定 位	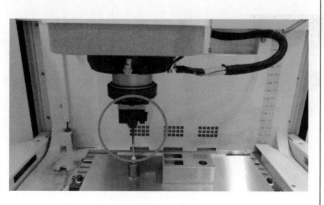	将测头从主轴夹头中取下，安装上粗加工电极，并将电极移动到基准球正上方（通过目测确定即可）

步骤	示意图	说明
	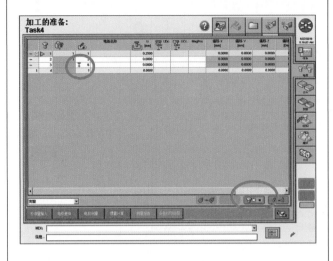	进入"电极"阶段，在1号电极行，将电极尺寸缩放量（U）设定为0.25；选择1号电极，按 键，激活电极1
③粗加工电极定位	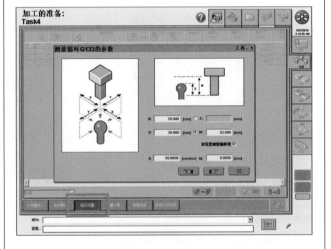	点击 进入电极测量循环选择界面，选择G133 电极偏移1测量方式，设置测量参数X：20；Y：30；H：42；F：55；按 继续下一步。按手控盒上 键执行自动测量，得到X、Y向的电极偏移值，按对话框上的 键退出
		移动电极，使基准球置于电极基准台下方合适位置（通过目测确定即可）

步骤	示意图	说明
③粗加工电极定位	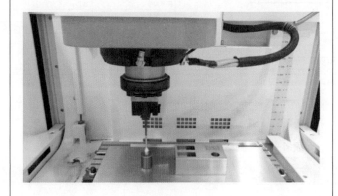	点击 电极测量 进入电极测量循环选择界面，选择G145 刀刃测量循环 设置测量参数，选择Z方向，F：55，按 继续下一步。按手控盒上 键执行自动测量，得到Z向的电极偏移值，按对话框上的 键退出
④精加工电极定位	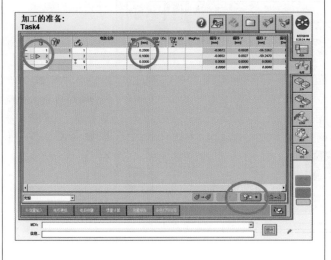	将粗加工电极从主轴夹头中取下，安装上精加工电极，并将电极移动到基准球正上方（通过目测确定即可） 在2号电极行，将电极尺寸缩放量（U）设定为0.1，按 键，激活电极2 重复步骤③，进行精加工电极定位

⑦ 编写加工程序。深槽型腔放电加工图如图 4-77 所示，编写加工程序步骤如表 4-39 所示。

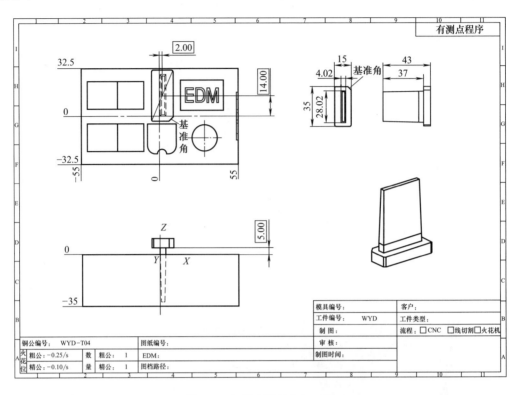

图 4-77 深槽型腔放电加工图

表 4-39 编写加工程序步骤

步骤	示意图	说明
① 型腔 设定	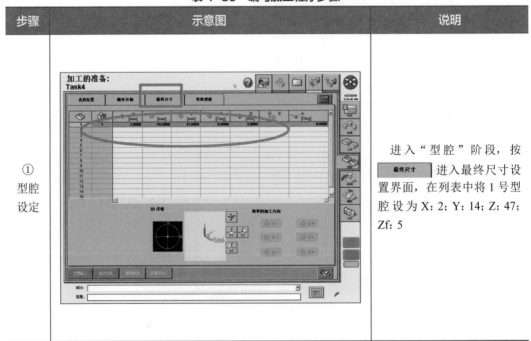	进入"型腔"阶段，按 最终尺寸 进入最终尺寸设置界面，在列表中将 1 号型腔设为 X: 2；Y: 14；Z: 47；Zf: 5

步骤	示意图	说明
② EDM 设定	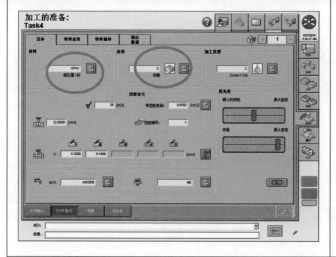	进入"EDM"阶段,填写EDM参数(总体) 材料:GFAC(细石墨/钢);应用:2(深槽);加工类型:2(Down/Orb);表面粗糙度:26;加工端面:0.6092;加工深度:32;点 调出电极尺寸缩放量 提示:此案例要选择细石墨对钢的放电条件,应用类型要选择深槽
	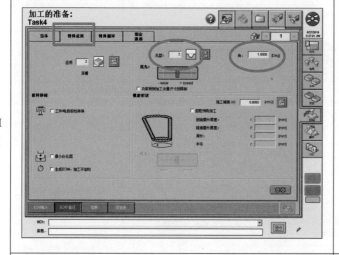	填写EDM参数(特殊应用),孔型:2;角度:1.5 提示:选择锥度型腔,并设定正确的角度是此案例的要点,可以提升加工效率
	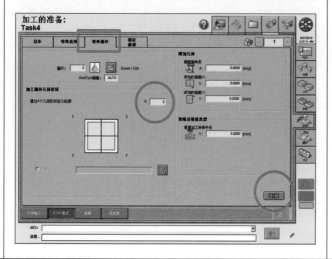	进入EDM特殊循环页,设定平动轮廓为Q2。设置完成按 生成放电参数

步骤	示意图	说明
	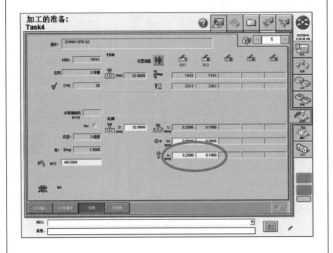	自动跳转至"结果"界面，将 S11、S12 列的 H 值分别补偿上电极尺寸缩放量值 0.25、0.1
② EDM 设定	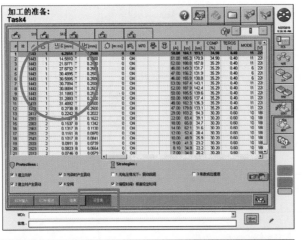 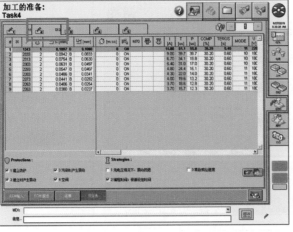	按 设定表 进入该页，可查看放电参数 提示：在放电参数表中，S11 粗加工阶段使用了多段带 T 的放电条件，这是因为选择了锥度型腔而生成的优化参数；S12 精加工则不会有带 T 的放电条件

步骤	示意图	说明
③ 顺序生成	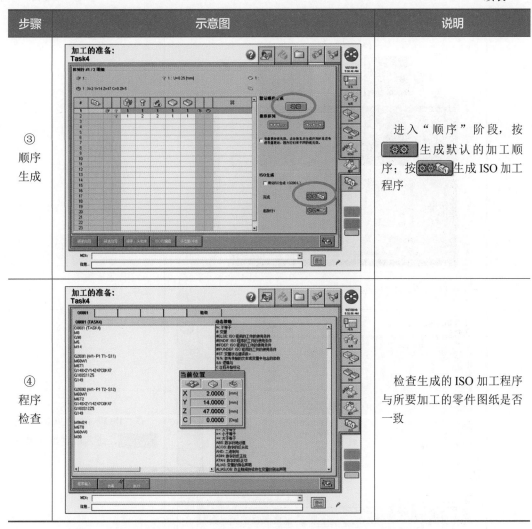	进入"顺序"阶段，按 生成默认的加工顺序；按 生成 ISO 加工程序
④ 程序检查		检查生成的 ISO 加工程序与所要加工的零件图纸是否一致

⑧加工运行（见表 4-40）。

表 4-40　加工运行

步骤	示意图	说明
① 更换电极		将主轴头上的精加工电极取下，安装粗加工电极

项目四　数控电火花成形机床零件加工

步骤	示意图	说明
② 关防 护门	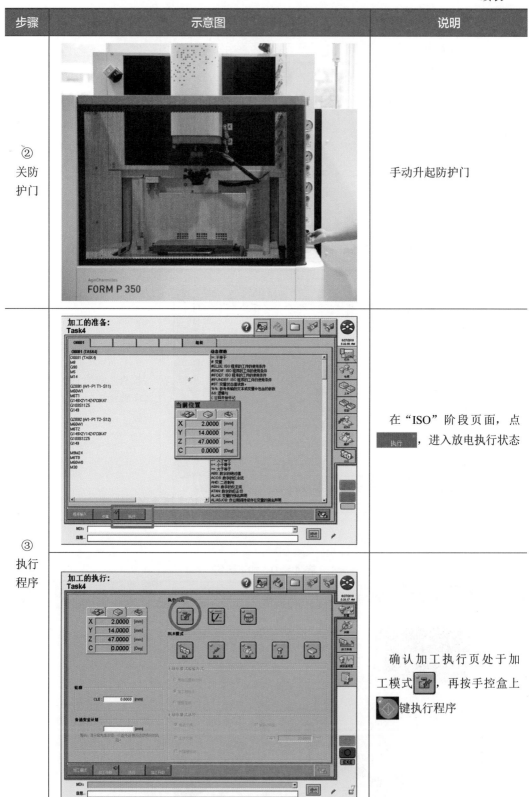	手动升起防护门
③ 执行 程序		在"ISO"阶段页面，点 ［执行］，进入放电执行状态 确认加工执行页处于加 工模式［图标］，再按手控盒上 ［图标］键执行程序

电火花成形机床操作与加工

步骤	示意图	说明
④ 零件 加工	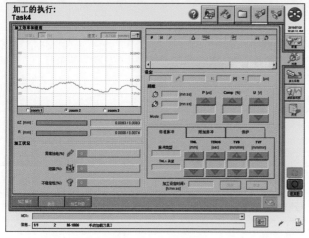	深槽型腔放电加工过程 　a. 电极 1 自动移位至型腔进行加工，加工完成后提示"手动加载刀具 2" 　b. 将电极 1 取下，安装上电极 2，再按手控盒上 键继续执行程序。电极 2 会自动移位至型腔进行加工

⑨ 零件检验（见表 4-41）。

表 4-41　零件检验

步骤	示意图	说明
零件检验		检查型腔是否出现积碳的异常，使用游标卡尺检查型腔各部分尺寸

⑩ 关机保养。

【任务评价】 ·

根据掌握情况填写学生自评表，见表4-42。

表4-42 学生自评表

项目	序号	考核内容及要求	能	不能	其他
开机操作	1	会检查机床火花油、导轨油是否足够			
	2	会开稳压器和冷却机			
	3	会识读机床各部压力表			
安装工件	4	能正确清洁永磁吸盘			
	5	能正确安装工件			
	6	能正确校正工件			
	7	能正确锁紧工件			
安装电极	8	能正确使用电极夹头			
	9	能正确安装电极			
工件测量	10	会新建加工程序			
	11	会使用G136方式测量工件			
编辑程序	12	会设置任务参数			
	13	会设置EDM参数			
	14	会生成ISO程序			
	15	会检查ISO			
加工运行	16	会选择加工程序			
	17	能执行程序			
	18	能完成零件加工			
零件检验	19	会检测零件			
关机保养	20	会拆卸工件			
	21	会清洁工件			
	22	会关机操作			
	23	会清洁和保养机床			
签名	学生签名（ ）		教师签名（ ）		

电火花成形机床操作与加工

【任务反思】 ....

总结归纳学习所得，发现存在问题，并填写学习反思内容，见表4-43。

表4-43 学习反思内容

类型	内　　容
掌握知识	
掌握技能	
收获体会	
需解决问题	
学生签名	

【课后练习】 ....

一、问答题

1. 执行程序过程中，只要遇到BLK指定的要素都会发生暂停。请简述下图所示要素的区别？

2. 请简述零件深槽型腔放电加工编程"EDM"阶段操作注意事项。

3. 石墨电极相比紫铜电极有什么优势？

二、实操题

在数控电火花成形机床上完成如下零件图所示的编程。

工件材料：模具钢

电极材料：紫铜

电极数量：2个

电极1尺寸缩放量：0.20mm/单边

电极2尺寸缩放量：0.10 mm/单边

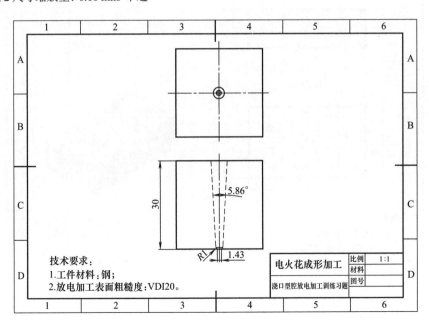

倒扣型腔放电加工

倒扣型腔放电加工零件如图 4-78 所示,零件图如图 4-79 所示。

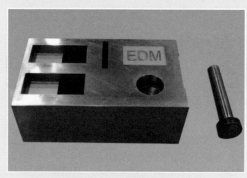

图 4-78　倒扣型腔放电加工零件

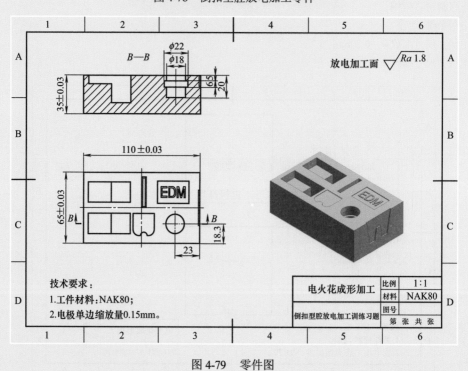

图 4-79　零件图

技术要求:
1.工件材料:NAK80;
2.电极单边缩放量0.15mm。

电火花成形加工		比例	1:1
		材料	NAK80
倒扣型腔放电加工训练习题		图号	
		第　张　共　张	

知识点1 平动加工类型

如图4-80所示,在通常的数控电火花成形加工中,大多数情况下使用Down/orb这种平动方式,可以兼顾尺寸精度、表面质量与加工速度。表4-44是各平动加工类型的应用及特点。

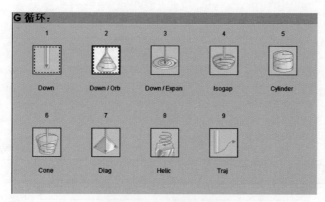

图4-80 平动加工类型

表4-44 各平动加工类型的应用及特点

序号	图标	名称	应用	平动方式
1		Down	对侧壁没有光洁度要求	无平动
2		Down/Orb	应用广泛,尤其适合精细表面加工	起始阶段无平动,当加工至深度剩余量与电极尺寸缩放量相等时,侧面与底部同步平动
3		Down/Expan	内螺纹平动加工、倒扣加工	加工至指定深度后,实行侧壁扩孔式平动
4		Isogap	精密复杂3D型腔	在经线与纬线方向进行球形平动
5		Cylindre	冲头加工,电极高度小于加工部位高度	始终保持平动状态进给加工
6		Cone	圆锥形平动	作圆锥形平动
7		Diag	清角加工	电极朝指定方向与角数作插补加工
8		Helic	C轴加工螺纹	C轴与Z轴联动进给加工
9		Traj	轨迹加工	输入ISO代码,按照轨迹加工

知识点 2　特殊循环

见图 4-81，对平动加工进行补充或特定设置。

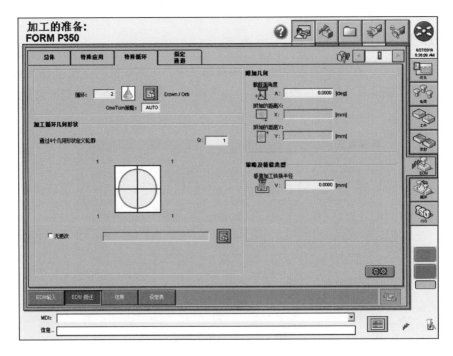

图 4-81　EDM "特殊循环" 页

（1） 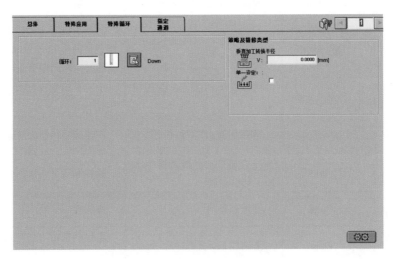 Down （见图 4-82）

图 4-82　Down 特殊循环设定

① 见图 4-83，在该平动下可以设置 "垂直加工转换半径"，加工过程中，电极始终保持此值的平动动作。

② 见图 4-83，当勾选 "单一设定" 后，只会生成一个最终获得要求表面的放电条件。

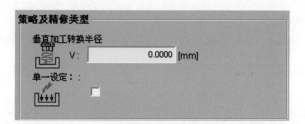

图 4-83　平动设定

（2）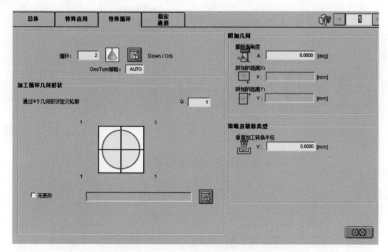Down/Orb（见图 4-84）

图 4-84　Down/Orb 特殊循环设定

① 默认的平动为圆形 Q1，可以更改为方形 Q2 或者其他组合，见图 4-85。

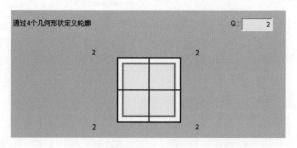

图 4-85　Q2 轨迹

② 在方形平动下，通过设置"附加的距离"，可以实现 X、Y 轴不同的平动量，见图 4-86。此功能对于某些精密加工很有用。

（3）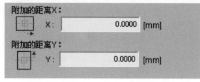Down/Expan（图 4-87）

① 默认的平动为圆形 Q1，可以更改为方形 Q2 或者其他组合。

② 在圆形平动下，可以设置"附加半径"；方形平动下，可以设置 X、Y 轴的附加距离。举例：半径 4.8mm 的电极，电极尺寸缩放量为 0.2mm，需要加工出半径为 6mm 的沟槽，那么在附加

图 4-86　附加的距离

半径处可以设置 1.0mm。

③勾选"完工类型 F"，平动加工在扩孔模式的同时会修光上下底部。

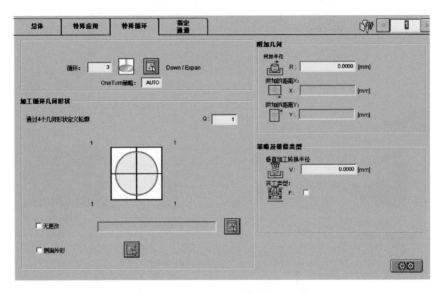

图 4-87　Down/Expan 特殊循环设定

（4）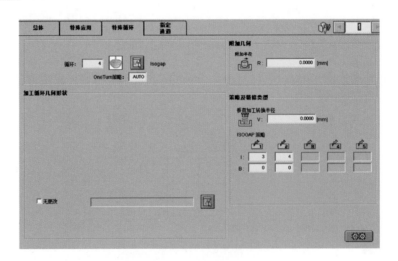 Isogap（见图 4-88）

图 4-88　Isogap 特殊循环设定

①默认经线方向 I 值为 3，纬线方向 B 值为 0。

②如果增加 I 值和 B 值，会获得相对较高的精度，但会增加加工时间。

（5）　Diag（见图 4-89）

①可选择的两种 F 类型，包括方形 4 个拐角的插补□与 X、Y 正负轴向插补□。方向清角加工要选择第一种。

②对于其他多边形清角插补，可以任意定义角数与角度，见图 4-90。

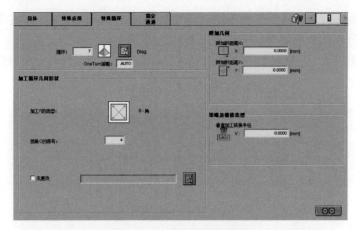

图 4-89　Diag 特殊循环设定

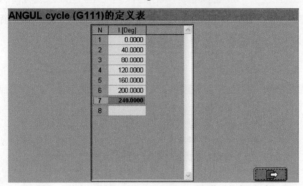

图 4-90　定义角数与角度

知识点 3　文件页面

(1) 任务

见图 4-91，在此页面下，显示了机床存储的所有程序，可对程序进行查看和操作。

图 4-91　任务

一个程序导出后文件的后缀为 .xmlj，该格式只能用于 AC FORM HMI 界面。

点击程序前面黄色的加号，可展开该程序包含的文件，如图 4-92 所示，共包括"加工描述""加工报告""测量报告"三种类型，如果该程序没有进行过加工或者测量，则不会显示该类型报告。

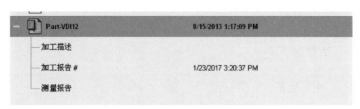

图 4-92　程序包含文件

选中"加工描述""加工报告""测量报告"的任一类型，点击下面工具条中的"显示"，即可显示报告的内容，见图 4-93。这些报告也可以从机床导出，导出后文件的后缀为 .html，可以在 PC 上用网页浏览器打开查看。

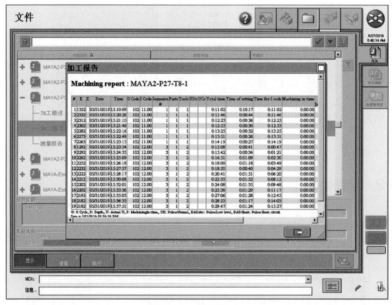

图 4-93　显示报告

选中程序后点击，即可进入"准备页面"对程序进行编辑。

选中程序后点击，即可启动程序进入"执行页面"。

可以对程序进行删除、备份、重命名、查找等处理，如图 4-94 所示。

图 4-94　编辑功能菜单

（2）任务模块

如图 4-95 所示，在此页面下，显示了机床存储的所有程序模板，这些模板可供在新建程序时基于"在工作模式的基础上"方式产生。这些模板也可以从机床导出，导出后文件的后缀为 .xmlm。

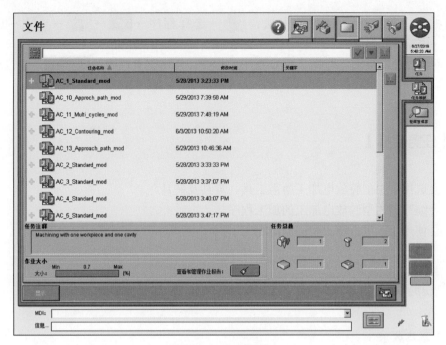

图 4-95　任务模块

可以在此页面对模板进行删除、备份、重命名、查找等处理。

（3）资源管理器

见图 4-96，在此页面可以拷贝机床文件或者将 U 盘内的文件拷入机床。

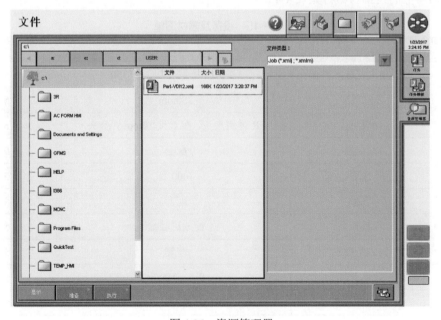

图 4-96　资源管理器

将 U 盘中程序拷入机床的方法：插入 U 盘→🖼️→选择 U 盘路径下的程序→🖼️→
🖼️ 备份 →🖼️ 任务 →🖼️ →🖼️ 粘贴

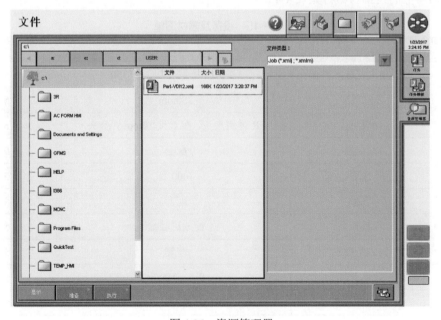

将机床中程序拷入 U 盘的方法： →选择程序→ [图标] → [备份] → [资源管理器] →选择 U 盘路径→ [图标] → [粘贴]

在资源管理器页面，选择一个 U 盘中的程序，点击工具栏中的 [准备] ，会自动完成将程序复制到机床并进入准备页面。

 【任务目标】 ···

① 会选用倒扣型腔放电加工所需工具、量具及夹具。

② 会编写倒扣型腔放电加工的加工程序。

③ 会使用机床进行倒扣型腔放电加工。

【任务实施】 ···

（1）基本要求

① 培养学生良好的工作作风和安全意识。

② 培养学生的责任心和团队精神。

③ 掌握零件倒扣型腔放电加工方法。

（2）设备与器材

实训所需的设备与器材见表 4-45。

表 4-45　设备及器材清单

项目	名称	规　格	数量
设备	数控电火花成形机床	GF 加工方案 FORM P 350	3～5 台
夹具	永磁吸盘	250mm	3～5 个
	弹簧夹头	3R 弹簧夹头，配直接 10mm 弹簧夹	3～5 个
电极	铜电极	配套	3～5 个
工具	油石	1000 目	3～5 块
	铜棒	配套	3～5 个
	吸盘扳手	配永磁吸盘	3～5 把
	内六角扳手	配套	3～5 套
量具	游标卡尺	0～150mm	3～5 把
	杠杆百分表	0.001mm 精度，红宝石头	3～5 个
	深度尺	0～150mm	3～5 把
备料	NAK80	长 110mm、宽 65mm、高 40mm 精毛坯	3～5 个
其他	毛刷、碎布、酒精	配套	3～5 个

电火花成形机床操作与加工

（3）内容与步骤
① 开机操作。
② 新建加工任务（见表4-46）。

表4-46　新建加工任务

步骤	示意图	说明
① 新建 程序	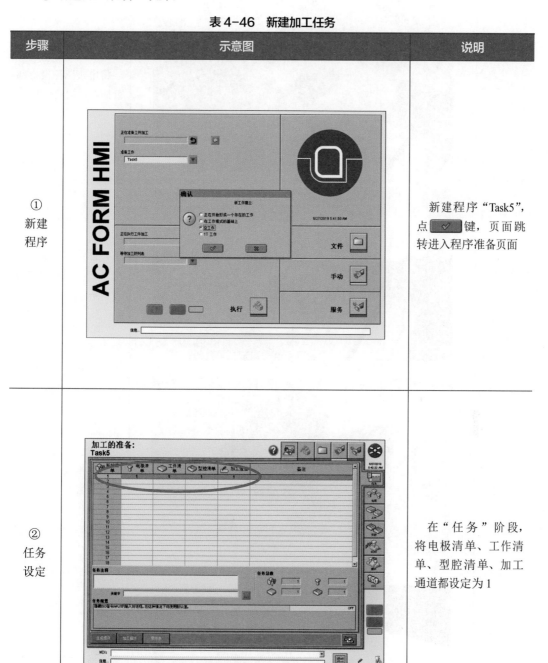	新建程序"Task5"，点 ▭ 键，页面跳转进入程序准备页面
② 任务 设定		在"任务"阶段，将电极清单、工作清单、型腔清单、加工通道都设定为1

③ 安装工件。
④ 安装及校正电极（见表4-47）。

表 4-47　安装及校正电极

步骤	示意图	说明
① 插入 电极		将电极圆棒夹持部 分插入弹簧夹头中
② 锁紧 夹头		将弹簧夹头旋入基 准夹中，并手动稍用 力锁紧
③ 安装 拉杆		将黑色拉杆固定环 推入基准夹头的十字 定位孔当中
④ 安装 电极		按住气动夹头开 关，将电极插入主轴 夹头当中，松开气动 夹头开关后自动锁紧

⑤ 电极与工件定位（见表 4-48）。

表 4-48 电极与工件定位

步骤	示意图	说明
① 电极 设定	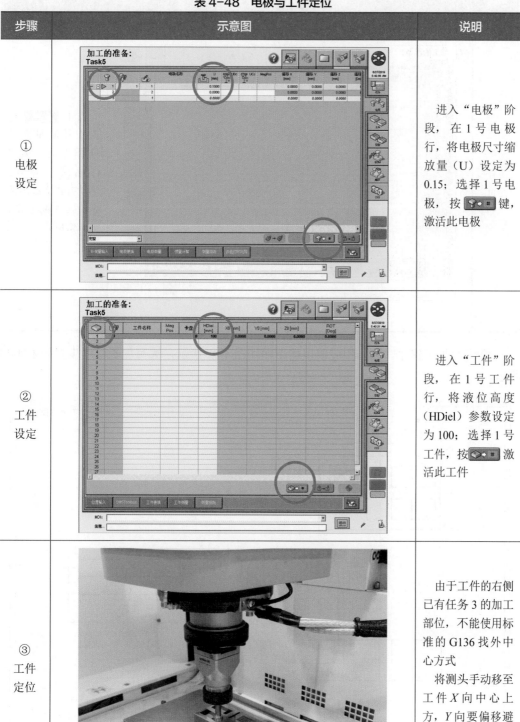	进入"电极"阶段，在 1 号电极行，将电极尺寸缩放量（U）设定为 0.15；选择 1 号电极，按 ⊙＃ 键，激活此电极
② 工件 设定		进入"工件"阶段，在 1 号工件行，将液位高度（HDiel）参数设定为 100；选择 1 号工件，按 ⊙＃ 激活此工件
③ 工件 定位		由于工件的右侧已有任务 3 的加工部位，不能使用标准的 G136 找外中心方式 将测头手动移至工件 X 向中心上方，Y 向要偏移避开加工部位（通过目测确定即可）

步骤	示意图	说明
③ 工件 定位	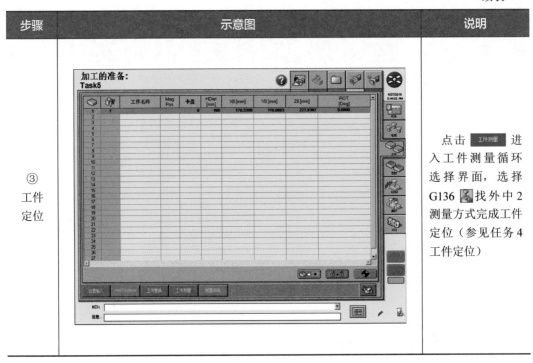	点击 工件测量 进入工件测量循环选择界面，选择 G136 找外中 2 测量方式完成工件定位（参见任务 4 工件定位）

⑥ 编写加工程序。倒扣型腔放电加工图如图 4-97 所示，编写加工程序步骤如表 4-49 所示。

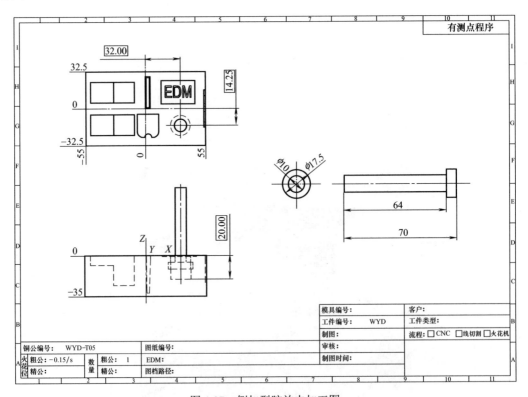

图 4-97 倒扣型腔放电加工图

表 4-49　编写加工程序步骤

步骤	示意图	说明
① 型腔 设定	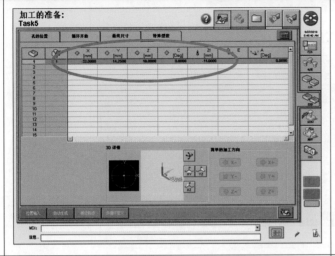	进入"型腔"阶段，按 最终尺寸 进入最终尺寸设置界面，在列表中将 1 号型腔设为 X：-32；Y：-14.25；Z：10；Zf：-11
② EDM 设定	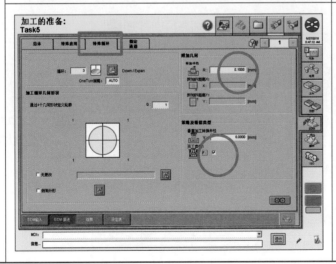	进入"EDM"阶段，填写 EDM 参数（总体） 材料：CUAC（紫铜 / 钢）；应用：1（标准）；加工类型：3（Down/Expan）；表面粗糙度：25；加工端面：选择圆形，设定尺寸 d15；加工深度：2，电极长度：17.5，点击调出电极尺寸缩放量 提示：此处选择 Down/Expan 平动方式是倒扣型腔放电加工的要点
		进入 EDM 特殊循环设定：附加半径 R：2.10，勾选完工类型 F，按生成放电参数。 提示：R= 型腔半径 - 电极半径 - 电极尺寸缩放量 U；勾选 F 的功能是实现倒扣型腔上下面的修光

项目四　数控电火花成形机床零件加工

步骤	示意图	说明
② EDM 设定	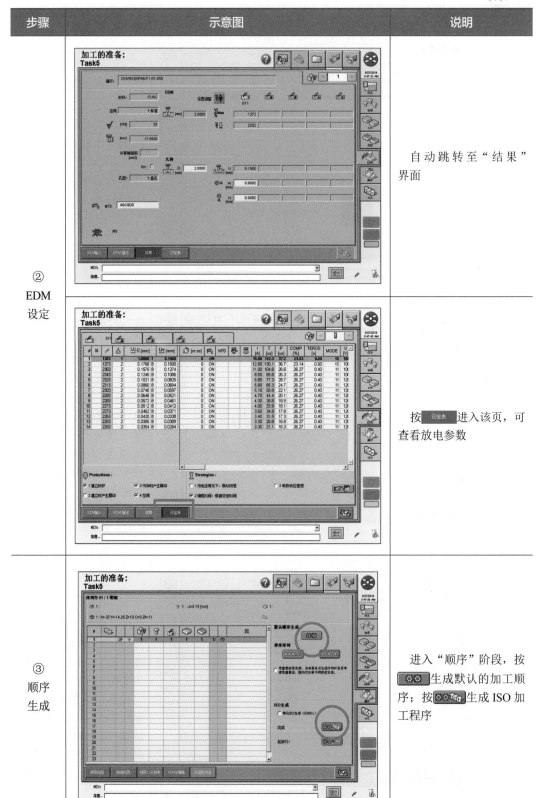	自动跳转至"结果"界面
		按 设定表 进入该页，可查看放电参数
③ 顺序 生成		进入"顺序"阶段，按 生成默认的加工顺序；按 生成 ISO 加工程序

步骤	示意图	说明
④ 程序 检查	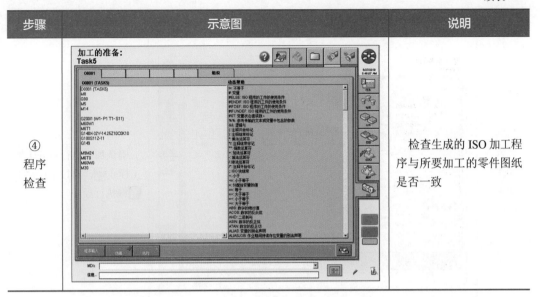	检查生成的 ISO 加工程序与所要加工的零件图纸是否一致

⑦ 加工运行（见表 4-50）。

表 4-50　加工运行

步骤	示意图	说明
① 关防 护门	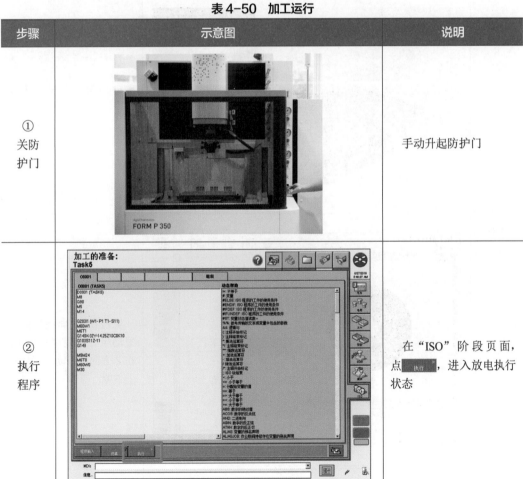 FORM P 350	手动升起防护门
② 执行 程序		在"ISO"阶段页面，点 执行，进入放电执行状态

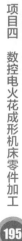

项目四　数控电火花成形机床零件加工

195

步骤	示意图	说明
② 执行 程序		确认加工执行页处于加工模式，再按手控盒上键执行程序
③ 零件 加工	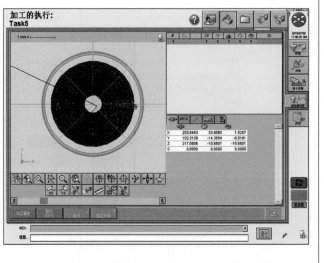	倒扣型腔放电加工过程中
		电极在 XY 面逐步扩大平动半径实现倒扣加工，在 Z 方向的平动则可修光上下壁

步骤	示意图	说明
③ 零件 加工	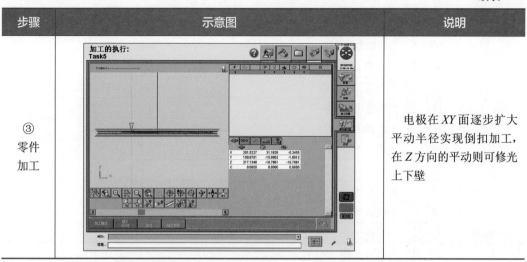	电极在 XY 面逐步扩大平动半径实现倒扣加工，在 Z 方向的平动则可修光上下壁

⑧ 零件检验（见表 4-51）。

表 4-51　零件检验

步骤	示意图	说明
零件检验		使用内径千分尺检查倒扣型腔外径尺寸

⑨ 关机保养。

【任务评价】 ··

根据掌握情况填写学生自评表，见表 4-52。

表 4-52　学生自评表

项目	序号	考核内容及要求	能	不能	其他
开机操作	1	会检查机床火花油、导轨油是否足够			
	2	会开稳压器和冷却机			
	3	会识读机床各部压力表			
安装工件	4	能正确清洁永磁吸盘			
	5	能正确安装工件			
	6	能正确校正工件			
	7	能正确锁紧工件			
安装电极	8	能正确使用电极夹头			
	9	能正确安装电极			

项目四　数控电火花成形机床零件加工

项目	序号	考核内容及要求	能	不能	其他
工件测量	10	会新建加工程序			
	11	会使用 G136 方式测量工件			
编辑程序	12	会设置任务参数			
	13	会设置 EDM 参数			
	14	会生成 ISO 程序			
	15	会检查 ISO			
加工运行	16	会选择加工程序			
	17	能执行程序			
	18	能完成零件加工			
零件检验	19	会检测零件			
关机保养	20	会拆卸工件			
	21	会清洁工件			
	22	会关机操作			
	23	会清洁和保养机床			
签名	学生签名（ ）		教师签名（ ）		

【任务反思】

总结归纳学习所得，发现存在问题，并填写学习反思内容见表 4-53。

表 4-53　学习反思内容

类型	内　容
掌握知识	
掌握技能	
收获体会	
需解决问题	
学生签名	

【课后练习】

一、问答题

1. 数控电火花成形加工中常见的平动加工类型有哪些？

2. 对于形状复杂，底部包括斜面与弧面，使用哪种平动不会发生加工过切？

3. 请简述零件倒扣型腔放电加工编程"EDM"阶段操作注意事项？

二、实操题

在数控电火花成形机床上完成如下零件图所示的编程。

工件材料：模具钢

电极材料：紫铜

电极数量：1 个

电极尺寸缩放量：0.20mm/单边

	1	2	3	4	5	6

技术要求：
1.工件材料：钢；
2.放电加工表面粗糙度：VDI22。

电火花成形加工		比例	2:1
		材料	
倒扣型腔放电 加工训练习题		图号	

任务 6

镜面放电加工

【工作任务】

镜面放电加工零件如图 4-98 所示，零件图如图 4-99 所示。

图 4-98 镜面放电加工零件

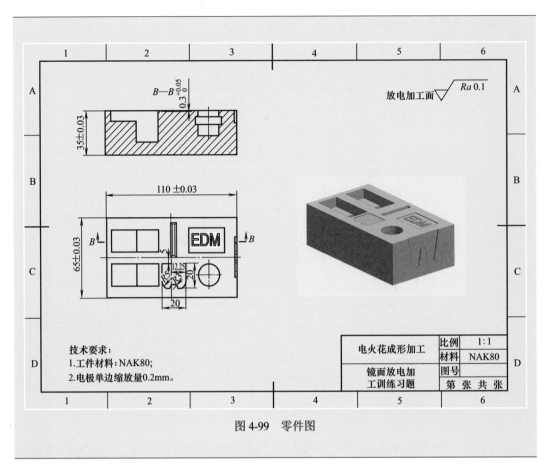

图 4-99 零件图

【知识技能】

知识点 1 放电条件及参数详解

（1）放电条件的定义

放电条件代码包含 4 位数字，比如 1364、2353，放电条件代码的数字分别代表不同的含义（如表 4-54 所示）。

表 4-54 放电条件定义

第 1 个数值	中间 2 个数值	第 4 个数值
有无平动的工艺	表面等级 VDI	加工策略
1×××，1 代表无平动的工艺 2×××，2 代表有平动的工艺	×NN×，VDI 值	×××2 低损耗策略 ×××3 标准策略 ×××4 速度策略

（2）脉冲参数详解

设定表中的脉冲参数如图 4-100 所示。

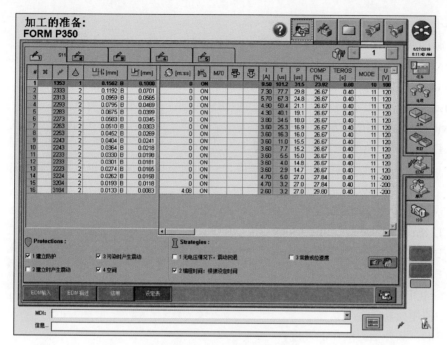

图 4-100　设定表中的脉冲参数

① I：峰值电流　调整峰值电流参数时，峰值电流值调大，加工速度将会提升，放电间隙就会变大，工件的表面粗糙度增大；峰值电流值调小，加工速度下降，放电间隙变小，工件的表面粗糙度减小。

② T：脉冲宽度　调整脉宽参数会影响放电间隙、加工速度和电极损耗、表面粗糙度。脉宽调大，电极损耗减少，放电间隙变大，加工速度下降，表面粗糙度增大；脉宽调小，电极损耗增大，放电间隙变小，加工速度提升，表面粗糙度减小。

③ P：脉冲间隙　脉冲间隙是保证加工稳定性的一个重要参数。脉间越长，加工过程中的排屑性能越好。脉冲间隙直接影响加工速度，将脉间大幅度调大会使加工速度显著降低。

④ COMP：伺服基准　伺服基准参数允许改变工件和电极间的距离。将伺服基准参数调小，电极与工件之间的距离会增加，有利于加工屑的排出，但加工速度会有所降低。将伺服基准参数增大，电极与工件之间的距离会减小，不利于加工屑的排出，但加工速度会有所增加。因此加工条件、大电极精加工、不稳定的冲液、大深度的放电加工等情况要减小伺服基准参数。

⑤ TEROS：放电时间　放电时间参数控制放电中电极持续放电时间的长短，此值的设置会受到"脉冲类型"的影响。

⑥ MODE：放电模式　用该参数可以更改当前脉冲的波形。通常粗加工使用模式 10，精加工使用模式 11。模式 11 时电极的损耗比用模式 10 要大。

⑦ U：电压　电压参数指放电加工空载时的电压值，范围一般在 0 ～ 300V。该参数值大有利于提高放电的稳定性，但加工间隙会变大，表面粗糙度增大。正的电压值代表正极性加工，负的电压值代表负极性加工。

⑧ MS：优化灵敏度　调整加工优化的灵敏度（-5 ～ +5），值越大越灵敏，系统会对加工

项目四　数控电火花成形机床零件加工

201

进行更多的自动干预。

⑨ 脉冲类型：控制放电时间的类型。

·mixed（1）：放电时间由所设定的 TEROS 控制，但系统会根据策略自动优化 。

·process（2）：放电时间完全由系统根据策略控制，不受 TEROS 设定值的影响。

·user（3）：放电时间完全由设定的 TEORS 控制，系统不会进行优化。

·without：关闭抬刀动作。

⑩ TML 类型：控制抬刀方式的类型。

·Automatic：系统根据设定的抬刀高度，自动调整抬刀高度，也就是说随着加工深度的增大，抬刀高度增大。

·Fix：按预设的抬刀高度值 TML，保持不变。

⑪ TML：抬刀高度，mm。

TVB：往上的抬刀速度，mm/min。

TVF：往下的抬刀速度，mm/min。

TPERIOD：指定标准抬刀动作的次数之后，增加一个额外的抬刀动作。此值设为 0 则代表不使用此功能。

TMLD：额外抬刀动作的高度。

TVBD：额外抬刀动作往上的抬刀速度。

TVFD：额外抬刀动作往下的抬刀速度。

⑫ 1 建立防护：自动识别并关闭不良的放电脉冲。

2 建立时产生震动：当识别到不良放电脉冲时，自动产生抬刀动作。

3 污染时产生震动：当识别到短路的放电脉冲时，自动产生抬刀动作。

4 空间：当有短路脉冲发生时，施加一个相对较大能量的脉冲来消除短路。

⑬ 1 无电压情况下，震动回退：在抬刀过程中电极上升和下降时关闭脉冲电源，直到靠近点才打开脉冲电源。

2 编程时间，根据设定时间：勾选的情况下，放电加工的实际时间不会超过设定的时间；未勾选的情况下，设定的时间是脉冲放电过程中的有效时间，因此放电加工的实际时间会大大超过设定时间。

3 常数或位速度：勾选的情况下，平动按照固定速度进行；不勾选的情况下，平动会自适应控制速度。

⑭ ⏱[m:ss]设定时间　00：00 代表当前条件未设定时间。可以对条件设定加工时间，到达设定时间后执行下一个条件。此功能在精加工时非常有用。

⑮ GAIN：伺服速度　伺服速度参数用于控制加工过程中伺服系统的速度增量。小电极的伺服速度数值要大，以保证伺服灵敏性。

⑯ OMEGA：平动速度　平动进给的速度。当使用圆形平动时为 r/min。

⑰ ⊔Ƚ[mm]底部留量控制　T 代表从型腔顶部 0 位计算，为加工深度的意思，如 0.923 T，代表加工至 0.923 处；B 代表从型腔底部计算，为预留量的多少，如 0.276 B，代表预留 0.276mm。

⑱ ⊔Ƚ[mm]侧面预留量。

⑲ ⬙平动控制开关　1 为关闭平动动作，2 为打开平动动作。

（1）加工效率低

① 起始放电加工效率低——加大电极尺寸缩放量（火花位），自动编程生成条件的电流随之增大。大型腔要尽可能进行预铣加工。

② 程序中间的放电加工段效率低——各段条件之间的余量过多，可以适当减少两段之间的加工余量。

③ 程序的最后几段放电加工效率低——使用定时加工功能来有效控制精加工时间（需要设定加工时间）。

④ 面积输入过小——系统以面积作为限制门槛，即使电极尺寸缩放量再大，由于面积太小，也不会产生大的放电条件。此类情况，可以适当地人为增大输入的面积值。

⑤ 应用类型选择不正确——选择正确的应用类型。

⑥ 加工优先权——选择低损耗优先权则效率低，选择高效率优先权则速度快，损耗偏大。

⑦ 放电、抬刀组合不合理——根据加工状态，调整抬刀高度、放电时间与之匹配。

⑧ 优化参数——减少脉冲间隙 P，加大伺服基准 COMP。

⑨ 改进工艺——使用石墨电极，大幅度提升整体生产效率。

（2）电极损耗大

① 使用参数不当——应使用优先权为低损耗的加工参数。小电极可选用"连接器"应用类型。

② 放电条件太强——对于尖小电极，不能使用大电流加工。

③ 放电能量太小，加工效率低下导致电极长时间的放电而损耗——如果电极损耗大的同时伴随加工速度太慢的情况，请提高加工效率。

④ 电极材料不好——使用纯度高的紫铜，或者使用损耗更低的铬铜甚至是铜钨合金作为电极材料。

⑤ 脉冲宽度太小——加大条件号中的脉冲宽度 T，可以显著降低电极损耗。

⑥ 脉冲波形——使用低损耗，带有斜度的放电波形模式（Mode10）。

（3）分中不准确

① 使用传统的"电极碰工件进行分中"的方法，由于分中属于面接触，电极与工件之间存在的诸多因素都会影响分中精度——推荐使用"基准球点对点进行分中"的定位方法。在工作台上固定一个基准球作为参照，加工前在主轴头上装夹一个基准球，对工件进行分中，然后再对工作台上的基准球分中，之后所有的电极都对基准球进行分中。

② 电极与工件基准面精度差，有杂物——保证电极与工件基准面的精度，并擦拭干净。

③ 感知速度不要太快（设置 F:50mm/min）。

（4）加工表面不均匀

① 电极材料不好，有杂质——使用纯度高的紫铜或者铬铜。

② 平动方式选择不当——使用 Down/Orb 平动，并且精加工段使用定时加工。

③ 不合适的火花油，如火花油黏度大——更换合适的精加工火花油。

④ 需要优化参数——适当降低放电时间 TEROS，增大脉冲间隙 P，减少伺服基准 COMP。

⑤ 不均匀的冲液方式——精加工不要附加局部冲液。

⑥ 亚光表面加工——难度系数大，推荐加工至 VDI14，更精细的加工表面对各方面的条件有苛刻要求。

⑦ 优先权——标准优先权的表面效果一般优于低损耗优先权。

（5）镜面效果不好

① 有些工件材料无法达到镜面加工效果，如 SKD11、Cr12MoV、DC53（大多数五金冲压模具钢）——推荐使用镜面加工钢材，如 SKD61、S136、718HH、NAK80 等，或者纠正认识偏差。

② 加工面积太大，达不到均匀的镜面效果——面积大于 $25cm^2$ 应使用混粉加工。

③ 平动方式选择不当——使用 Down/Orb 平动，精加工使用定时加工功能。

④ 加工面积输入不准确——输入准确的加工面积，以便系统自动设定定时。

⑤ 镜面加工段条件——根据加工状态，调整抬刀高度、放电时间、抬刀速度与之匹配，不要使用冲液，液面流动要小。

（6）加工开始阶段，放电不准确，频繁抬刀

① 系统自动检测、自适应调整带来的影响——关闭条件号中的一些自动保护功能，降低检测灵敏度 MS，或者将放电时间与抬刀高度的控制设定为根据用户的设置（User/Fix），这样抬刀呈现为有规律、可控的状态。（不推荐，往往这种不稳定是具有保护作用的）

② 优化加工参数——优化放电时间、抬刀高度、抬刀速度、脉冲间隙、伺服基准。

（7）加工尺寸不合格

① 加工后尺寸偏小——通常情况下，使用自动编程加工后的尺寸会稍偏小，这样更安全。

② 电极尺寸超差——检查电极尺寸，这是前提。

③ 尺寸精度要求极高——根据加工情况，预先加工，实测电极尺寸与加工后的尺寸，调整平动半径。

（8）多个工件如何加工

多个工件如何加工——多个工件应使用相对零件功能，将每个工件设成一个相对零点，则记忆了每个工件当前的机械坐标值，程序中可任意调取这些相对零点，为了实现多个工件的连续加工，应将这些工件设置处于同一托盘上（Mag Pos 设成相同的值）。

（9）零件在斜面、曲面处产生过切

平动方式选择不当——使用 Isogap 平动方式（G104，球形平动），设置 I、B 参数，它在平动时任意平面都是圆形，可避免过切的产生。只有在对斜面、曲面有严格要求时才使用此平动，通常选用 Down/Orb（G102）平动，这种过切的误差可以忽略。

（10）分中后位置不对

分中的每一个操作步骤，都要明确电极与工件，要养成激活工件、激活电极的习惯，并且在执行操作过程中再次确认，很多的错误是在没有激活电极时发生的，尤其是在使用基准球定位的时候。

还有就是在对工件坐标系清零的时候，要注意选择对应的工件。

【任务目标】 ···

① 会选用镜面放电加工所需工具、量具及夹具。

② 会编写镜面放电加工的程序。

③ 会使用数控电火花成形机床进行镜面加工。

 【任务实施】 ···

（1）基本要求

① 培养学生良好的工作作风和安全意识。

② 培养学生的责任心和团队精神。

③ 掌握零件镜面放电加工的方法。

（2）设备与器材

实训所需的设备与器材见表 4-55。

表 4-55　设备及器材清单

项目	名称	规格	数量
设备	数控电火花成形机床	GF 加工方案　FORM P 350	3～5 台
夹具	永磁吸盘	250 mm	3～5 个
电极	铜电极	配套	3～5 个
工具	油石	1000 目	3～5 块
	铜棒	配套	3～5 个
	吸盘扳手	配永磁吸盘	3～5 把
	内六角扳手	配套	3～5 套
量具	游标卡尺	0～150mm	3～5 把
	钢直尺	20cm	3～5 个
	深度尺	0～150mm	3～5 把
	固定的基准测球	3R-US400.3（5）	3～5 个
	测头	3R-656.31-3（5）P	3～5 个
备料	NAK80	长 110mm、宽 65mm、高 40mm 精毛坯	3～5 个
其他	毛刷、碎布、酒精	配套	一批

（3）内容与步骤

① 开机操作。

② 新建加工任务（见表 4-56）。

表 4-56 新建加工任务

步骤	示意图	说明
① 新建程序	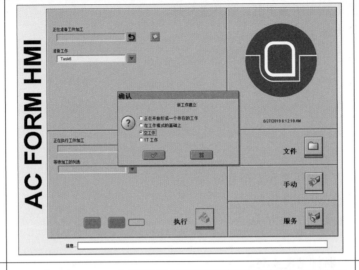	新建程序"Task6"，页面跳转进入程序准备页面
② 任务设定	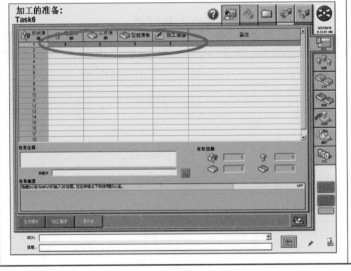	在"任务"阶段，将电极清单、工作清单、型腔清单、加工通道都设定为1

③ 安装工件。

④ 固定基准球（见表 4-57）。

表 4-57 固定基准球

步骤	示意图	说明
固定基准球	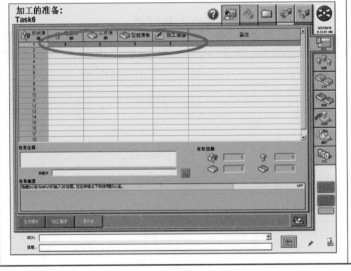	将基准球置于吸盘合适位置并固定

⑤ 安装测头。

⑥ 电极与工件定位（见表 4-58）。

表 4-58　电极与工件定位

步骤	示意图	说明
① 基准 球定位	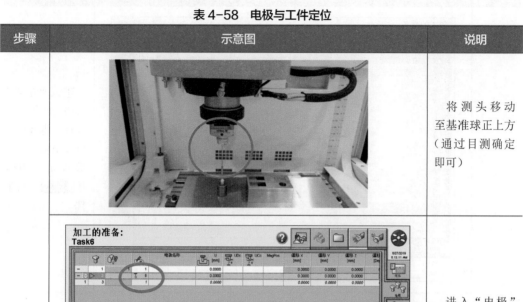 	将测头移动 至基准球正上方 （通过目测确定 即可） 进入"电极" 阶段，在 2 号电 极行，将放电阶 段序号设为 6， 选择 2 号电极， 按 键，激 活测头
	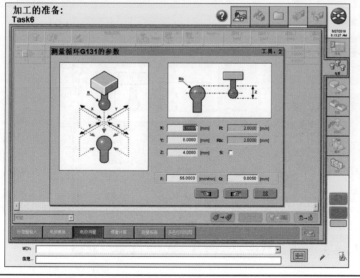	点 击 进入测量循环选 择界面，选择 G131 完 成 基 准球定位

步骤	示意图	说明
	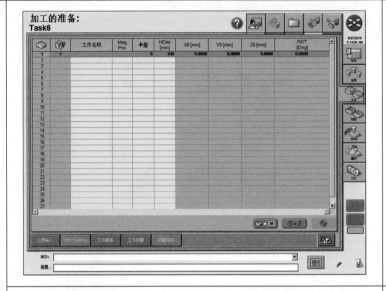	进入"工件"阶段,在1号工件行,将液位高度(HDiel)参数设定为100,按 $\boxed{\diamond \cdot \#}$ 激活工件
② 工件 定位	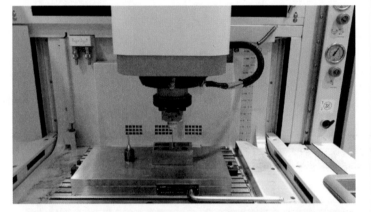	将测头手动移至工件 X 向中心上方, Y 向偏移避开任务3已加工部位(通过目测确定即可)
	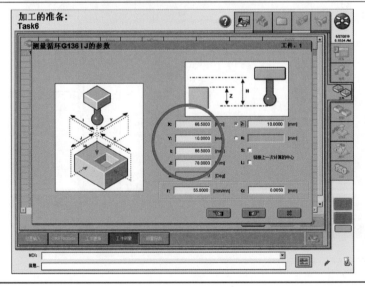	点击 工件测量 进入工件测量循环选择界面,选择 G136IJ $\boxed{}$ 找外中2测量方式完成工件定位

步骤	示意图	说明
② 工件 定位	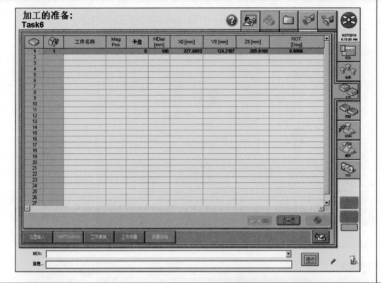	点击 工件测量 进入工件测量循环选择界面，选择 G136IJ 找外中 2 测量方式完成工件定位
③ 加工 电极 定位	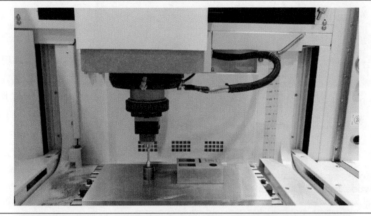 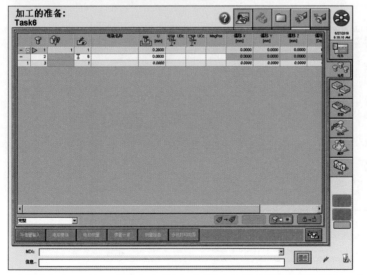	将测头从主轴夹头中取下，安装电极，并将电极移动到基准球正上方（通过目测确定即可） 进入"电极"阶段，在1号电极行，将电极尺寸缩放量（U）设定为0.2；选择1号电极，按 键，激活电极1

项目四 数控电火花成形机床零件加工

步骤	示意图	说明
③ 加工 电极 定位	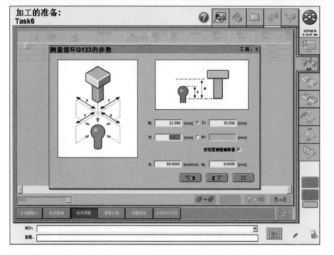 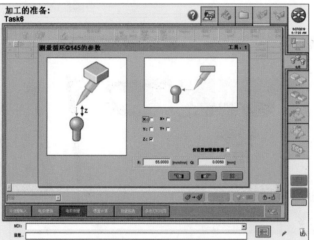 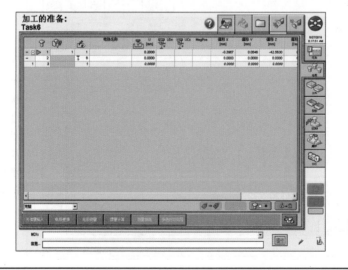	点击 电极测量 进入电极测量循 环选择界面，分 别选用 G133 电 极 偏 移 1、 G145 刀刃测 量方式完成电极 定位

⑦ 编写加工程序。镜面放电加工图如图 4-101 所示，编写加工程序步骤见表 4-59。

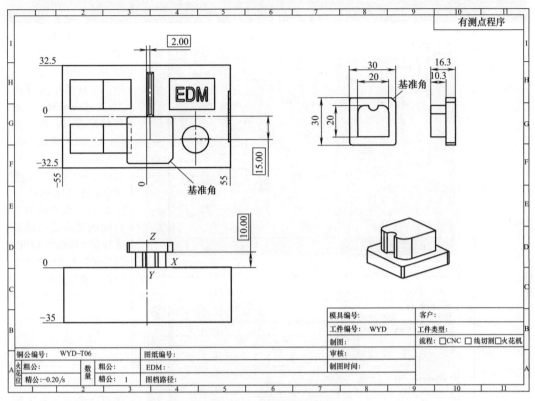

图 4-101　镜面放电加工图

表 4-59　编写加工程序步骤

步骤	示意图	说明
① 型腔设定	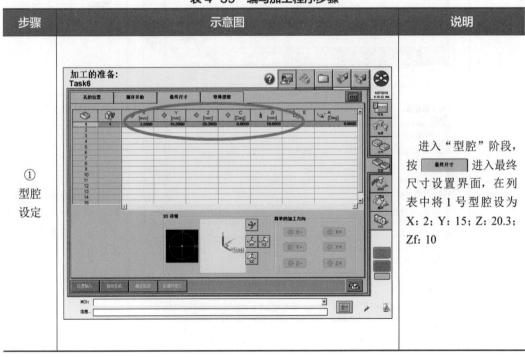	进入"型腔"阶段，按 最终尺寸 进入最终尺寸设置界面，在列表中将 1 号型腔设为 X: 2；Y: 15；Z: 20.3；Zf: 10

步骤	示意图	说明
② EDM 设定	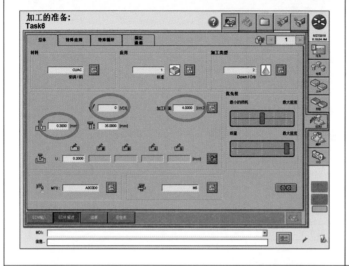 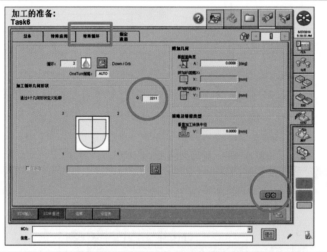 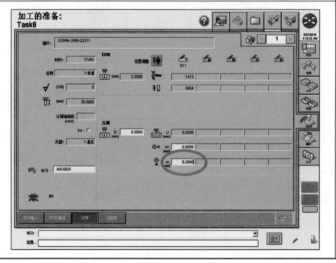	进入"EDM"阶段，填写 EDM 参数（总体）：CUAC（紫铜/钢），应用：1（标准）；加工类型：2（Down/Orb）；表面粗糙度：0；加工端面：4；加工深度：0.3；电极长度：35；加工电极单边缩放量0.2；点调出电极尺寸缩放量 提示：此案例加工镜面的要点是在此处选择表面粗糙度 VDI0，另外要输入准确的加工面积与型腔深度 进入 EDM 特殊循环页，设定与加工形状接近的平动形状 Q2211。设置完成按 生成放电参数 自动跳转至"结果"界面，将 S11 列的 H 值补偿上电极尺寸缩放量值 0.2

步骤	示意图	说明
② EDM 设定	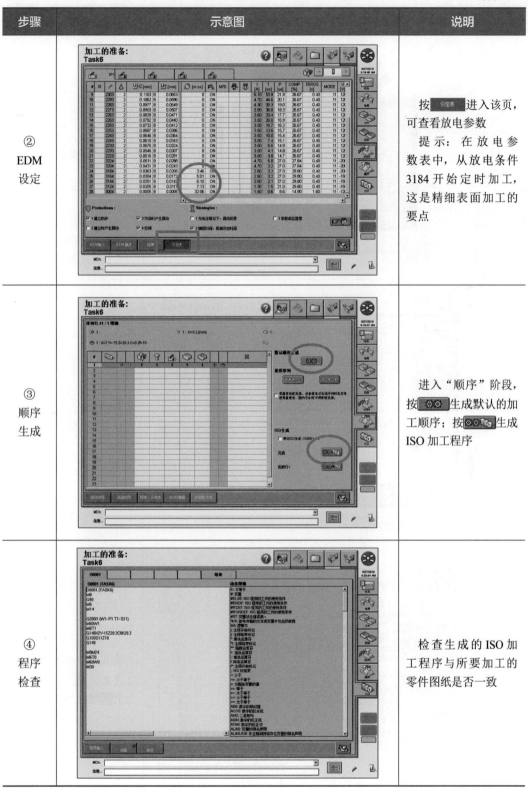	按 设定表 进入该页,可查看放电参数 提示:在放电参数表中,从放电条件3184开始定时加工,这是精细表面加工的要点
③ 顺序 生成		进入"顺序"阶段,按 生成默认的加工顺序;按 生成ISO加工程序
④ 程序 检查		检查生成的ISO加工程序与所要加工的零件图纸是否一致

⑧ 加工运行(见表 4-60)。

项目四 数控电火花成形机床零件加工

213

表 4-60　加工运行

步骤	示意图	说明
① 关防 护门	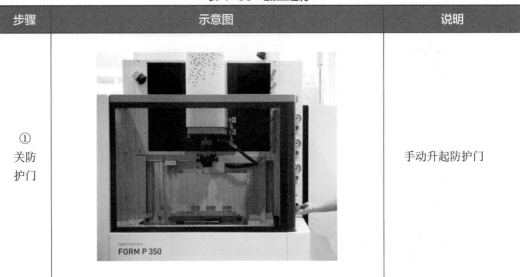	手动升起防护门
② 执行 程序	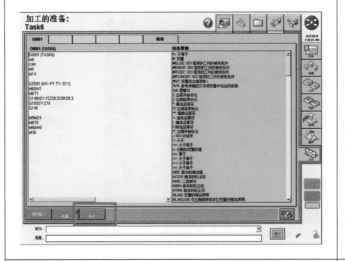	在"ISO"阶段页面，点 执行 ，进入放电执行状态
	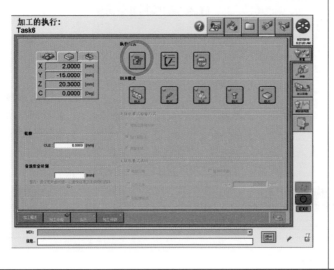	确认加工执行页处于加工模式 ，再按手控盒上 键执行程序

步骤	示意图	说明
③ 零件 加工		镜面放电加工过程中

⑨ 零件检验（见表 4-61）。

表 4-61　零件检验

步骤	示意图	说明
零件 检验		使用深度尺检查型腔深度，使用游标卡尺检查型腔各部分尺寸

⑩ 关机保养。

☕【任务评价】 ·······················

根据掌握情况填写学生自评表，见表 4-62。

表 4-62　学生自评表

项目	序号	考核内容及要求	能	不能	其他
开机 操作	1	会检查机床火花油、导轨油是否足够			
	2	会开稳压器和冷却机			
	3	会识读机床各部压力表			
安装 工件	4	能正确清洁永磁吸盘			
	5	能正确安装工件			
	6	能正确校正工件			
	7	能正确锁紧工件			

项目	序号	考核内容及要求	能	不能	其他
安装电极	8	能正确使用电极夹头			
	9	能正确安装电极			
工件测量	10	会新建加工程序			
	11	会使用 G136 方式测量工件			
编辑程序	12	会设置任务参数			
	13	会设置 EDM 参数			
	14	会生成 ISO 程序			
	15	会检查 ISO			
加工运行	16	会选择加工程序			
	17	能执行程序			
	18	能完成零件加工			
零件检验	19	会检测零件			
关机保养	20	会拆卸工件			
	21	会清洁工件			
	22	会关机操作			
	23	会清洁和保养机床			
签名	学生签名（ ）		教师签名（ ）		

❓【任务反思】 ·····································

总结归纳学习所得，发现存在问题，并填写学习反思内容，见表 4-63。

表 4-63 学习反思内容

类型	内　　容
掌握知识	
掌握技能	
收获体会	
需解决问题	
学生签名	

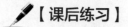【课后练习】 ··

一、单项选择题

下列对镜面电火花加工技术认识不正确的是_____

A. 镜面电火花加工通常要使用平动的方法来提高加工的稳定性与表面光洁度。

B. 为了防止加工积炭，镜面电火花加工过程中要经常停机清理残留在加工面上的屑。

C. 镜面电火花加工与工件的材质有很大的关系，有些材料不能达到镜面效果。

D. 加工面积越大，型腔越深，越难得到好的镜面效果。

二、问答题

1. 请简述放电加工效率低下的原因有哪些。

2. 放电加工状态倾向积炭时，可以通过调整哪些参数来优化？

3. 电火花加工的镜面效果不好的原因有哪些？

三、实操题

在数控电火花成形机床上完成如下零件图所示的编程。

工件材料：模具钢

电极材料：紫铜

电极数量：2 个

电极 1 尺寸缩放量：0.25mm/ 单边

电极 2 尺寸缩放量：0.10mm/ 单边

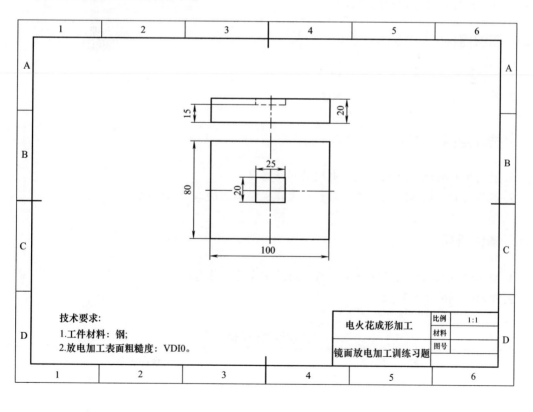

CAD/CAM 电极辅助设计

当前计算机辅助设计与制造（CAD/CAM）技术已广泛应用于制造业，现代制造企业普遍使用智能软件来设计数控电火花成形加工中的电极。比如 UG、Pro/E、MasterCAM 等软件都提供了强大的电极设计功能，减少了手工拆电极的烦琐工作。

通过本项目学习，使学生掌握电极设计的要点，了解使用 CAD/CAM 软件设计电极的方法，能完成简易电极的设计。

■ 知识目标

1. 了解电极结构及各部位的作用。
2. 掌握模具制造中的电极设计要点。

■ 技能目标

1. 能利用 CAD/CAM 软件进行电极的实体造型。
2. 能利用 CAD/CAM 软件导出数控电火花成型加工的二维工程图。

■ 情感目标

1. 培养学生在电极设计中一丝不苟、细致认真的工作态度。
2. 培养高尚的职业情操。

建议课时分配表

名　　称	课时（节）
简单电极 CAD 辅助设计	6
合　计	6

电极设计俗称拆电极、拆铜公，电极设计的好坏直接影响电火花成形加工的结果。下面以项目四镜面加工电极的设计为例（见图5-1），介绍如何使用UG软件来设计电极。

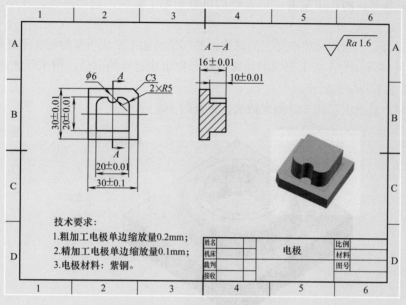

图 5-1　电极设计成品（图纸）

零件图见图5-2，设计粗、精两个电极来进行电火花成形加工。

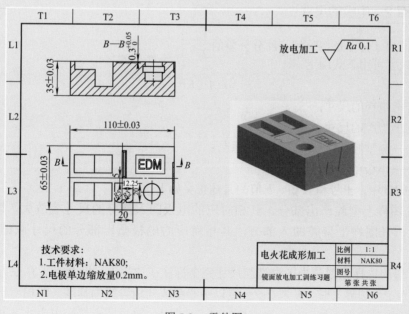

图 5-2　零件图

【知识技能】 ···

知识点 1　电极结构

从电极各部位的作用来看，电极结构可分为加工部位、延伸部位、底座，如图 5-3 所示。

① 加工部位。是用来放电加工的部位，此部位的加工形状与型腔形状刚好相反。

② 延伸部位。是在加工部位的边缘按照一定形状延伸的部位，用来保证加工部位的形状及连接加工部位和底座。

③ 底座。是电火花加工时用来校表、定位的基准台。

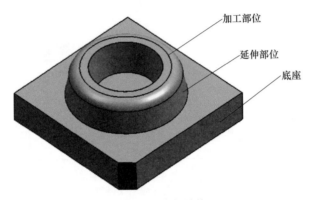

加工部位

延伸部位

底座

图 5-3　电极结构

知识点 2　电极的尺寸

电极的尺寸公差是型腔相应部分公差的 $\frac{1}{2}\sim\frac{2}{3}$。

电极尺寸可用下式确定：

$$a=A\pm Kb$$

式中　a——电极的尺寸；

　　　A——型腔的尺寸；

　　　K——与型腔尺寸标注法有关的系数；

　　　b——电极单边缩放量。

公式 $a=A\pm Kb$ 中，±号和 K 值、b 值的具体含义如下：

① 凡图样上型腔凸出部分，其相对应的电极凹入部分的尺寸应放大，即用"＋"号；反之，凡图样上型腔凹入部分，其相对应的电极凸出部分的尺寸应缩小，即用"－"号。

② K 值的选择原则：当图中型腔尺寸完全标注在边界上（即相当于直径方向尺寸或两边界都为定形边界）时，K 取 2；一端以中心线或非边界线为基准（即相当于半径方向尺寸或一段边界定形，另一端边界定位）时，K 取 1；对于图中型腔中心线之间的位置尺寸（即两边界为定位尺寸）以及角度值和某些特殊尺寸（如图 5-4 中的 A_1），电极上相对应的尺寸不增不减，K 取 0。对于圆弧半径，亦按上述原则确定。

根据以上叙述，在图中电极尺寸 a 与型腔尺寸 A 有如下关系：

$a_1=A_1$；$a_2=A_2-2b$；$a_3=A_3-b$；$a_4=A_4$；$a_5=A_5-b$；$a_6=A_6+b$

电极型腔水平尺寸对比图如图 5-4 所示。

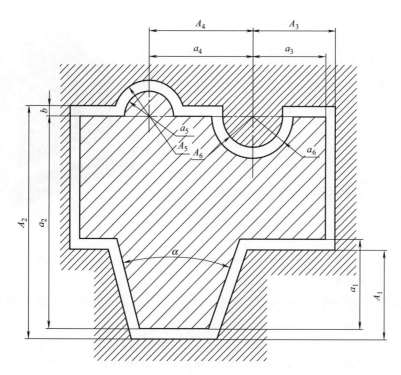

图 5-4　电极型腔水平尺寸对比图

知识点 3　模具制造中电极的设计要点

① 设计电极前要充分了解模具结构。分清楚模具的胶位、插破位、靠破位、枕位等，确认好哪些部位需要放电加工，模仁与镶件是否要组装放电。

② 设计电极时要按照一定的顺序进行，以防漏拆电极。这点对于复杂模具的电极设计非常重要。

③ 设计电极要考虑电极的制作问题。设计的电极应容易制作，最好是只使用一种加工方法就可以完成。如用 CNC 铣制作复杂电极非常方便，也容易保证电极精度。

④ 对于产品有外观和棱线要求的模具，可以优先考虑将电极设计为一次可以加工整体型腔的结构，但也要注意，电火花在加工中存在"面积效应"，在电极面积比较大，且加工深度较深、排屑困难的情况下，应将整体电极分拆成几个电极进行分次加工，否则在加工中会出现放电不稳定、加工速度慢、精度难以保证等不良情况；有时整体电极加工有困难，有加工不到的死角，或者是不好加工，所需刀具太长或太小，就可以考虑设计多个电极。

⑤ 电极的尖角、棱边等凸起部位，在放电加工中比平坦部位损耗要快。为提高电火花加工精度，在设计电极时可将其分解为主电极和副电极，先用主电极加工型腔或型孔的主要部分，再用副电极加工尖角、窄缝等部分。

⑥ 对于一些薄小、高低跌差很大的电极，电极在 CNC 铣制作和电火花加工中都非常容易变形，设计电极时，应采用一些加强电极，防止变形的方法。图 5-5 为典型的加强电极的例子。

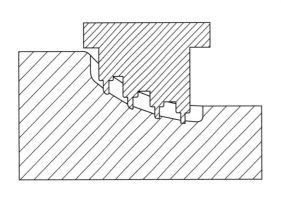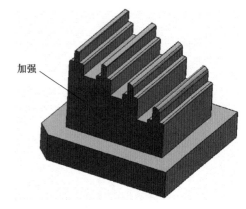

图 5-5　高低跌差很大的电极设计

⑦ 电极在加工部位开向的方向，必须延伸一定尺寸，以保证工位加工出来后口部无凸起的小筋，如图 5-6 所示。

⑧ 电极需要避空的部位必须进行避空处理，避免在电火花加工中发生加工部位以外不希望的放电情况。

⑨ 设计电极时应考虑减少电极的数目。可以合理地将工件上一些不同的加工部位组合在一起，作为整体加工或通过移动坐标实现多处位置的加工，如图 5-7 所示；将工件上多处相同的加工部位采用电极移动坐标来加工。

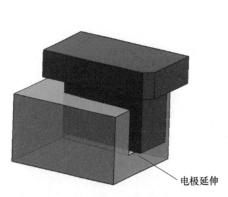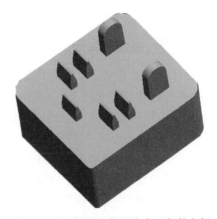

图 5-6　电极开向部分延伸　　　　图 5-7　不同加工部位组合在一起的电极

⑩ 设计电极时应将加工要求不同的部位分开设计，以满足各自的加工要求。如模具零件中装配部位和成形部位的表面粗糙度要求和尺寸精度是不一样的，所以不能将这些部位的电极混合设计在一起。

⑪ 给电极设计合适的底座。底座是电火花加工中校正电极和定位的基准，同时也是电极多道工序的加工基准，底座上最好设计方便电极安装时辨别方向的基准角。

⑫ 设计电极时要考虑电火花加工工艺。选用 Z 轴伺服加工还是侧向加工或多轴联动

加工；电极要便于装夹定位；根据具体情况开设排屑、排气孔。

⑬ 电极数量的确定。电极数量的确定主要取决于工件的加工形状及数量，其次还要考虑到工件的材质、加工的深度以及加工的面积。

⑭ 设计电极的底座有两种方法，一种方法是在电极加工部位最大外形的基础上均匀扩大设计出底座，结果是以底座为基准的 X、Y、Z 坐标值往往为小数；第二种方法是先给底座基准的 X、Y、Z 坐标值确定一个整数。显然第二种方法可以避免电火花加工中操作者将复杂小数看错的情况。

⑮ 一套模具的所有电极设计完成后，应填好备料单（根据电极要求确认电极坯料长、宽、高和电极数量，材质），安排电极的制作，设计好电火花加工的图纸（放电坐标、加工要求及细节备注）。

总之，设计电极要进行综合考虑，抓住要点，在保证电火花加工质量的前提下，尽可能提高加工效率、降低加工成本。

 【任务目标】 ···

① 了解电极设计原则。
② 能用 UG 三维建模模块完成三维电极设计。
③ 会操作 UG 二维制图模块绘制电极工程图。

 【任务实施】 ···

（1）软件准备
本次电极设计任务使用的软件为 NX 10.0，如图 5-8 所示。

图 5-8　NX 10.0 软件图标

（2）电极三维模型设计
① 打开零件模型，如表 5-1 所示。

表 5-1 打开零件模型

步骤	示意图	说明
① 打开 软件	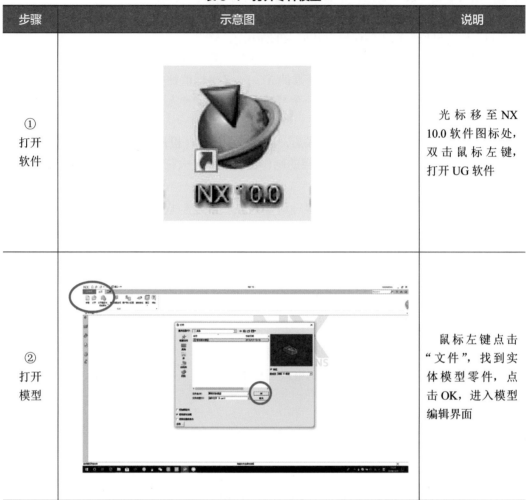	光标移至 NX 10.0 软件图标处，双击鼠标左键，打开 UG 软件
② 打开 模型		鼠标左键点击"文件"，找到实体模型零件，点击 OK，进入模型编辑界面

② 电极主体设计（见表 5-2）。

表 5-2 电极主体设计

步骤	示意图	说明
① 进入 电极 设计 模块		鼠标左键点击"应用模块"，然后点击"电极设计"，进入电极设计模块

步骤	示意图	说明
	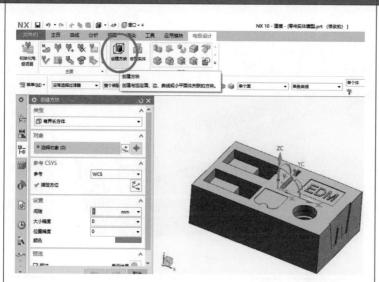	鼠标左键点击"创建方块",运用块填充的方式填充型腔
② 填充 型腔	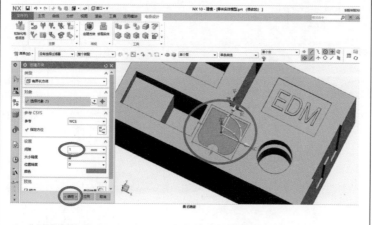	用鼠标左键点击选择需要填充区域底面,"间隙"输入"1", 点击"确定",生成实体填充块
	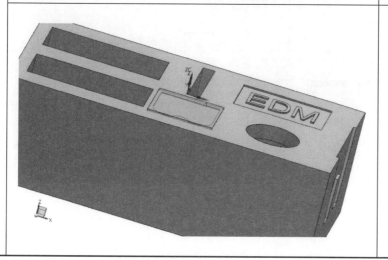	得到实体填充块

步骤	示意图	说明
③ 实体 裁剪	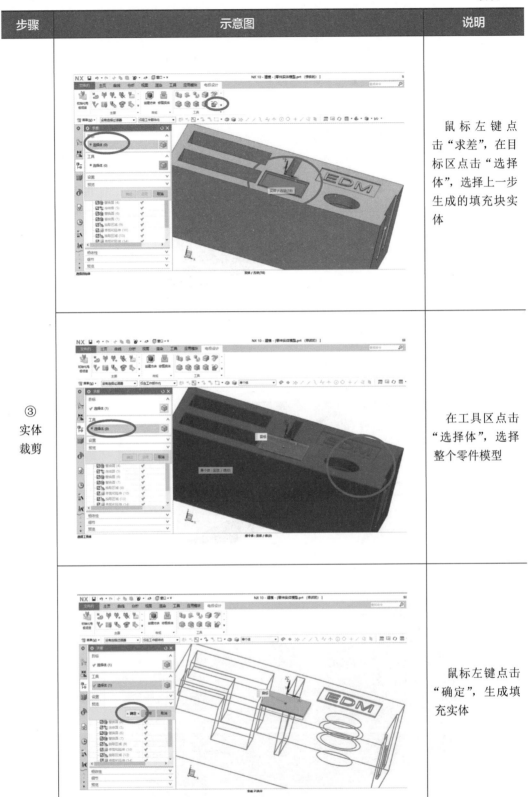	鼠标左键点击"求差",在目标区点击"选择体",选择上一步生成的填充块实体 在工具区点击"选择体",选择整个零件模型 鼠标左键点击"确定",生成填充实体

步骤	示意图	说明
③ 实体 裁剪	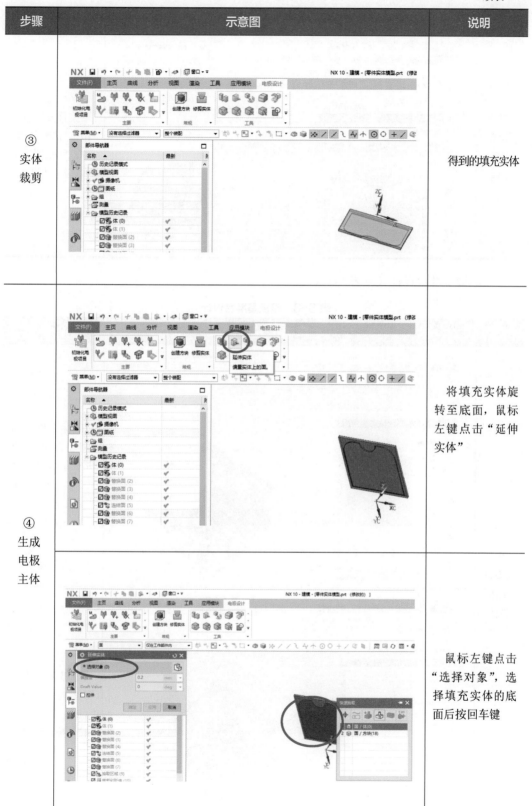	得到的填充实体
④ 生成 电极 主体		将填充实体旋转至底面，鼠标左键点击"延伸实体"
		鼠标左键点击"选择对象"，选择填充实体的底面后按回车键

步骤	示意图	说明
④ 生成 电极 主体	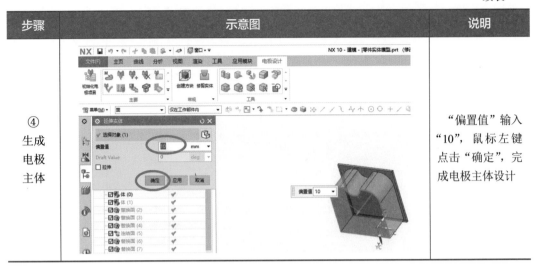	"偏置值"输入 "10",鼠标左键 点击"确定",完 成电极主体设计

③ 电极基准台设计（见表 5-3）。

表 5-3　电极基准台设计

步骤	示意图	说明
① 基准台 主体 设计	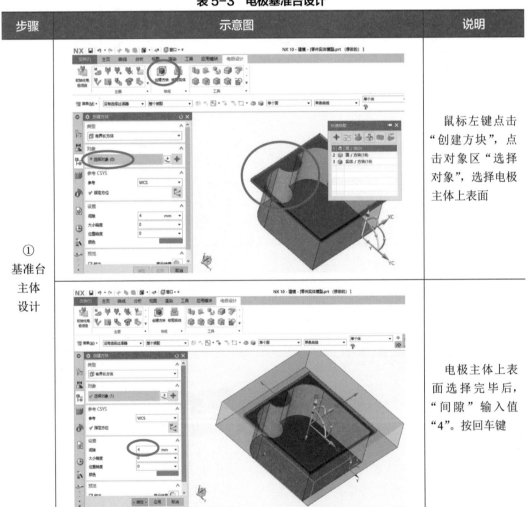	鼠标左键点击 "创建方块",点 击对象区"选择 对象",选择电极 主体上表面 电极主体上表 面选择完毕后, "间隙"输入值 "4"。按回车键

步骤	示意图	说明
① 基准台 主体 设计	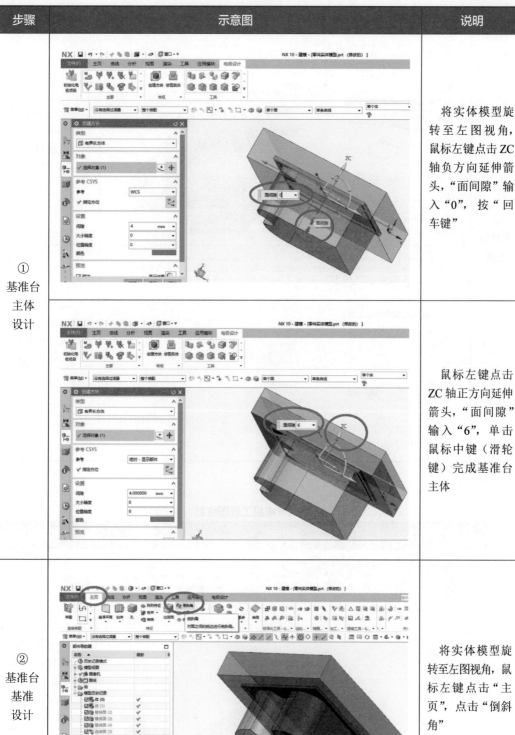	将实体模型旋转至左图视角，鼠标左键点击ZC轴负方向延伸箭头，"面间隙"输入"0"，按"回车键"
		鼠标左键点击ZC轴正方向延伸箭头，"面间隙"输入"6"，单击鼠标中键（滑轮键）完成基准台主体
② 基准台 基准 设计		将实体模型旋转至左图视角，鼠标左键点击"主页"，点击"倒斜角"

项目五 CAD/CAM 电极辅助设计

步骤	示意图	说明
② 基准台 基准 设计	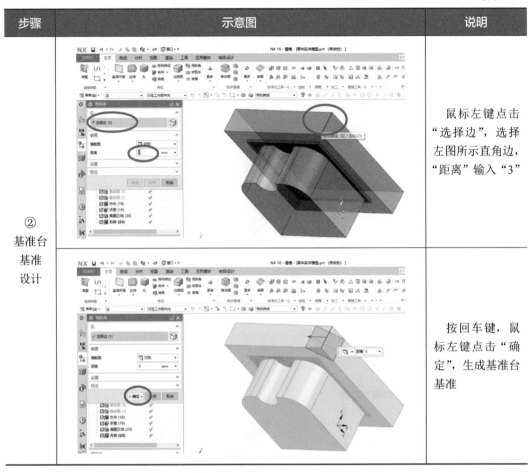	鼠标左键点击"选择边",选择左图所示直角边,"距离"输入"3" 按回车键,鼠标左键点击"确定",生成基准台基准

④ 电极工程图绘制（见表 5-4）。

表 5-4　电极工程图绘制

步骤	示意图	说明
① 建立 二维 工程图		鼠标左键点击"应用模块",选择点击"制图"进入 UG 工程图绘制模式

步骤	示意图	说明
② 导出 二维 工程图	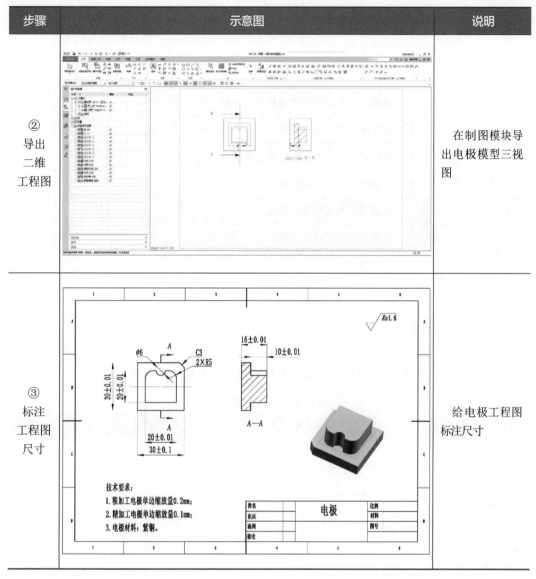	在制图模块导出电极模型三视图
③ 标注 工程图 尺寸		给电极工程图标注尺寸

技术要求：
1. 粗加工电极单边缩放量0.2mm;
2. 精加工电极单边缩放量0.1mm;
3. 电极材料：紫铜。

电极

【任务评价】

根据掌握情况填写学生自评表，见表 5-5。

表 5-5　学生自评表

项目	序号	考核内容及要求	能	不能	其他
电极设计工艺知识	1	正确识读零件工程图			
	2	能计算电极相关参数			
	3	能制定合理的电极设计方案			

项目	序号	考核内容及要求	能	不能	其他
电极设计三维建模技能	4	能使用 UG 软件			
	5	能按照设计思路完成电极主体建模			
	6	能按照设计思路完成电极基准建模			
	7	能生成完整的电极建模			
电极设计二维工程图绘制技能	8	能根据三维模型导出二维工程图			
	9	能标注二维工程图尺寸			
	10	能独立撰写工程图技术要求			
	11	能独立绘制放电加工图			
签名		学生签名（ ）	教师签名（ ）		

❓【任务反思】

总结归纳学习所得，发现存在问题，并填写学习反思内容，见表 5-6。

表 5-6 学习反思内容

类型	内　　容
掌握知识	
掌握技能	
收获体会	
需解决问题	
学生签名	

✏️【课后练习】

一、判断题

（　　）1. 可以将模具上大小不同的部位都设计在一个电极上，可以提高放电加工效率。

（　　）2. 电极在加工部位开向的方向，必须延伸一定尺寸。

（　　）3. 电极设计一般先用 UG 三维建模完成三维电极设计，然后导出电极工程图再用 CAD 软件完善工程图。

二、实操题

用 UG 软件设计完成下图所示零件深槽部分的电极设计模型及电极工程图。

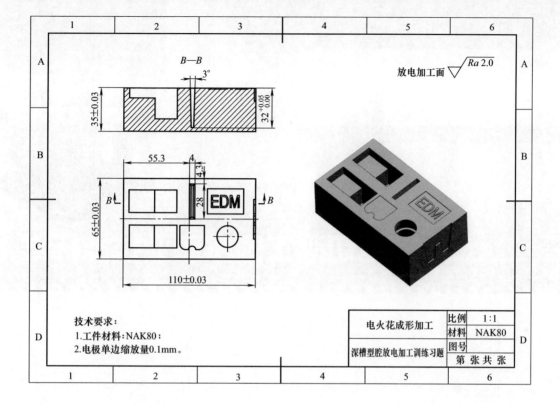

技术要求：
1. 工件材料：NAK80；
2. 电极单边缩放量0.1mm。

电火花成形加工	比例	1∶1
	材料	NAK80
深槽型腔放电加工训练习题	图号	
	第 张共 张	

附 录

电切削工国家职业技能标准

1. 职业概况

1.1 职业名称

电切削工[1]

1.2 职业编码

6-18-01-08

1.3 职业定义

操作电火花线切割机床或电火花成型机床，进行工件切割和成型加工的人员。

1.4 职业技能等级

本职业共设五个等级，分别为：五级 / 初级工、四级 / 中级工、三级 / 高级工、二级 / 技师、一级 / 高级技师。

1.5 职业环境条件

室内，常温。

1.6 职业能力特征

具有一定的学习能力、表达能力、计算能力和空间感，形体知觉、色觉正常，手臂、手指动作灵活，动作协调。

1.7 普通受教育程度

高中毕业（或同等学力）。

---

[1] 本职业分为电火花线切割机床操作工、电火花成型机床操作工两个工种。

1.8 职业技能鉴定要求

1.8.1 申报条件

——具备以下条件之一者，可申报五级/初级工：

（1）累计从事本职业或相关职业●工作1年（含）以上。

（2）本职业或相关职业学徒期满。

——具备以下条件之一者，可申报四级/中级工：

（1）取得本职业或相关职业五级/初级工职业资格证书（技能等级证书）后，累计从事本职业或相关职业工作4年（含）以上。

（2）累计从事本职业或相关职业工作6年（含）以上。

（3）取得技工学校本专业或相关专业●毕业证书（含尚未取得毕业证书的在校应届毕业生）；或取得经评估论证、以中级技能为培养目标的中等及以上职业学校本专业或相关专业毕业证书（含尚未取得毕业证书的在校应届毕业生）。

具备以下条件之一者，可申报三级/高级工：

（1）取得本职业或相关职业四级/中级工职业资格证书（技能等级证书）后，累计从事本职业或相关职业工作5年（含）以上。

（2）取得本职业或相关职业四级/中级工职业资格证书（技能等级证书），并具有高级技工学校、技师学院毕业证书（含尚未取得毕业证书的在校应届毕业生）；或取得本职业或相关职业四级/中级工职业资格证书（技能等级证书），并具有经评估论证、以高级技能为培养目标的高等职业学校本专业或相关专业毕业证书（含尚未取得毕业证书的在校应届毕业生）。

（3）具有大专及以上本专业或相关专业毕业证书，并取得本职业或相关职业四级/中级工职业资格证书后，累计从事本职业或相关职业工作2年（含）以上。

具备以下条件之一者，可申报二级/技师：

（1）取得本职业或相关职业三级/高级工职业资格证书（技能等级证书）后，累计从事本职业或相关职业工作4年（含）以上。

（2）取得本职业或相关职业三级/高级工职业资格证书（技能等级证书）的高级技工学校、技师学院毕业生，累计从事本职业或相关职业工作3年（含）以上；或取得本职业或相关职业预备技师证书的技师学院毕业生，累计从事本职业或相关职业工作2年（含）以上。

具备以下条件者，可申报一级/高级技师：

取得本职业或相关职业二级/技师职业资格证书（技能等级证书）后，累计从事本职业工作4年（含）以上。

1.8.2 鉴定方式

分为理论知识考试、技能考核以及综合评审。理论知识考试以笔试、机考等方式为

---

❶ 相关职业：数控车工、数控铣工、加工中心操作调整工等。

❷ 相关专业：模具制造技术、机械加工技术、数控技术应用、模具设计与制造、数控技术、机械设计与制造、材料成型及控制工程等。

主，主要考核从业人员从事本职业应掌握的基本要求和相关知识要求；技能考核主要采用现场操作、模拟操作等方式进行，主要考核从业人员从事本职业应具备的技能水平；综合评审主要针对技师和高级技师，通常采取审阅申报材料、答辩等方式进行全面评议和审查。

理论知识考试、技能考核和综合评审均实行百分制，成绩皆达 60 分（含）以上者为合格。

1.8.3　监考人员、考评人员与考生配比

理论知识考试中监考人员与考生配比不低于 1 ∶ 15，且每个考场不少于 2 名监考人员；技能考核中考评人员与考生配比不低于 1 ∶ 5，且考评人员为 3 人（含）以上单数；综合评审委员为 3 人（含）以上单数。

1.8.4　鉴定时间

理论知识考试时间：五级 / 初级工、四级 / 中级工不少于 90min，三级 / 高级工、二级 / 技师、一级 / 高级技师不少于 120min；技能考核时间：五级 / 初级工不少于 90min，四级 / 中级工不少于 120min，三级 / 高级工不少于 150min，二级 / 技师、一级 / 高级技师不少于 180min；综合评审时间不少于 60min。

1.8.5　鉴定场所设备

理论知识考试应在标准考场进行，技能考核在配备有相关机床设备、计算机设备和机床辅助设备及必要的工具、量具、夹具的场所进行。

2. 基本要求

2.1　职业道德

2.1.1　职业道德基本知识

2.1.2　职业守则

（1）遵章守法，严于律己。
（2）爱岗敬业，诚实守信。
（3）认真负责，团结协作。
（4）刻苦钻研，精益求精。
（5）勇于探索，开拓创新。
（6）规范操作，安全生产。

2.2　基础知识

2.2.1　基础理论知识

（1）机械识图知识。
（2）公差与配合、表面粗糙度知识。
（3）常用金属材料及热处理知识。
（4）计算机知识。

2.2.2 专业知识

（1）电工知识。

（2）金属切削加工知识。

（3）电切削加工原理、加工工艺知识。

（4）常用电加工设备知识（名称、规格型号、性能、基本结构及维护保养知识）。

（5）工具、量具、夹具的使用与维护知识。

2.2.3 安全与环境保护知识

（1）现场文明生产要求。

（2）安全操作与劳动保护知识。

（3）环境保护知识。

2.2.4 相关法律、法规知识

（1）《中华人民共和国劳动法》相关知识。

（2）《中华人民共和国安全生产法》相关知识。

（3）《中华人民共和国劳动合同法》相关知识。

（4）《中华人民共和国消防法》相关知识。

（5）《中华人民共和国环境保护法》相关知识。

3. 工作要求

本标准对五级／初级工、四级／中级工、三级／高级工、二级／技师、一级／高级技师的技能要求和相关知识要求依次递进，高级别涵盖低级别的要求。

3.1 五级／初级工

本等级分为电火花线切割机床操作工和电火花成型机床操作工两个工种。电火花线切割机床操作工考核第1、2、3项职业功能，电火花成型机床操作工考核第1、2、4项职业功能。

职业功能	工作内容	技能要求	相关知识要求
1. 工作准备	1.1 识图与读懂工艺文件	1.1.1 能识读基本几何体组成的简单零件图 1.1.2 能读懂上述零件图的工艺文件	1.1.1 基本几何体组成的简单零件图的识读方法 1.1.2 几何公差基本知识 1.1.3 工艺文件的识读知识
	1.2 安全防护	1.2.1 能使用个人劳动保护用品保护个人安全 1.2.2 能按照操作规程要求保证个人及生产安全	1.2.1 劳动保护用品使用知识 1.2.2 电加工机床安全操作规程

职业功能	工作内容	技能要求	相关知识要求
2. 设备维护	2.1 基础操作	2.1.1 能按照操作规程启动及停止机床 2.1.2 能使用设备人机界面上的常用功能键（如回零、手动等） 2.1.3 能进行加工前电、气、液、开关等常规检查	2.1.1 机床操作说明书 2.1.2 机床人机界面功能 2.1.3 加工前常规检查的内容
	2.2 日常维护	2.2.1 能对电加工机床运动部件进行润滑 2.2.2 能更换电加工机床过滤部件	2.2.1 电加工机床本体结构 2.2.2 电加工机床的润滑及常规保养方法
3. 电火花线切割加工	3.1 装夹与定位	3.1.1 能使用电火花线切割机床通用夹具装夹工件 3.1.2 能使用百（千）分表校正工件 3.1.3 能完成穿丝操作 3.1.4 能完成工件定位	3.1.1 通用夹具定位与夹紧的方法 3.1.2 校正工件的方法 3.1.3 穿丝的操作步骤 3.1.4 机床测量循环功能使用方法
	3.2 编制程序	3.2.1 能使用移动存储器复制图档和程序 3.2.2 能使用 CAD/CAM 软件绘制直线、圆、方等简单图形 3.2.3 能使用 CAD/CAM 软件进行直线、圆、方等简单图形的编程 3.2.4 能读懂加工程序	3.2.1 图档、程序的复制方法 3.2.2 CAD/CAM 软件简易绘图的方法 3.2.3 CAD/CAM 软件生成加工程序的流程 3.2.4 常用程序代码的含义
	3.3 加工工件	3.3.1 能输入加工程序 3.3.2 能中断加工并正确恢复加工 3.3.3 能加工圆、方等简单形状的凸模 3.3.4 能加工圆、方等简单形状的凹模 上述加工达到如下要求： （1）表面粗糙度：$Ra2.5\mu m$ （2）公差等级：IT8	3.3.1 电加工的基本原理 3.3.2 电火花线切割加工特点及应用范围 3.3.3 电火花线切割加工的工艺指标 3.3.4 加工程序的输入方法 3.3.5 程序中断与恢复加工的方法 3.3.6 凸模加工的方法 3.3.7 凹模加工的方法
	3.4 检测工件	3.4.1 能使用游标卡尺、千分尺测量工件的尺寸 3.4.2 能判断工件线性尺寸和角度尺寸是否达到技术要求	3.4.1 游标卡尺、千分尺的使用与保养知识 3.4.2 工件线性尺寸和角度尺寸的检测方法

职业功能	工作内容	技能要求	相关知识要求
4. 电火花成形加工	4.1 装夹与定位	4.1.1 能使用电火花成型机床通用夹具装夹工件和电极 4.1.2 能使用百（千）分表校正工件和电极 4.1.3 能预设工件坐标系	4.1.1 通用夹具定位与夹紧的方法 4.1.2 工件和电极校正的方法 4.1.3 坐标系的知识
	4.2 编制程序	4.2.1 能读懂常用程序代码 4.2.2 能按照机床操作规程完成编程	4.2.1 常用程序代码知识 4.2.2 机床操作规程
	4.3 加工工件	4.3.1 能选用冲液方式 4.3.2 能中断加工并正确恢复加工 4.3.3 能使用单电极加工浅表面型腔 4.3.4 能使用粗、精电极加工简易型腔 上述加工达到如下要求： （1）表面粗糙度：$Ra2.5\mu m$ （2）公差等级：IT8	4.3.1 电加工的基本原理 4.3.2 电火花成型加工的特点及应用范围 4.3.3 电火花成型加工的工艺指标 4.3.4 电火花成型加工流程 4.3.5 冲液的方式 4.3.6 程序中断与恢复加工的方法 4.3.7 放电参数基本知识 4.3.8 多电极更换成型工艺
	4.4 检测工件	4.4.1 能使用游标卡尺、千分尺、深度游标卡尺测量工件的尺寸 4.4.2 能判断工件线性尺寸和角度尺寸是否达到技术要求	4.4.1 游标卡尺、千分尺、深度游标卡尺的使用与保养知识 4.4.2 工件线性尺寸和角度尺寸的检测方法

3.2 四级 / 中级工

本等级分为电火花线切割机床操作工和电火花成型机床操作工两个工种。电火花线切割机床操作工考核第 1、2、3 项职业功能，电火花成型机床操作工考核第 1、2、4 项职业功能。

职业功能	工作内容	技能要求	相关知识要求
1. 工作准备	1.1 识读机械图样	1.1.1 能读懂零件的三视图、局部视图、剖视图 1.1.2 能读懂单工序模具装配图	1.1.1 零件三视图、局部视图和剖视图的表达方法 1.1.2 单工序模具装配图表达方法
	1.2 制定加工工艺	1.2.1 能读懂零件的加工工艺文件 1.2.2 能编制基本几何体组成的简单零件的加工工艺文件	1.2.1 加工工艺知识 1.2.2 加工工艺文件制定基础知识

职业功能	工作内容	技能要求	相关知识要求
2. 设备 维护	2.1 日常维护	2.1.1 能读懂电加工机床数控系统报警信息 2.1.2 能进行电加工机床的机械、电、气、液、冷却、数控系统等日常维护与保养	2.1.1 电加工机床数控系统常见报警信息 2.1.2 电加工机床日常维护与保养知识
	2.2 机床精度检验	2.2.1 能进行电加工机床水平的检查 2.2.2 能利用量具、量仪等检验机床几何精度	2.2.1 水平仪的使用方法 2.2.2 机床垫铁的调整方法 2.2.3 机床精度检验的内容及方法
3. 电火 花线 切割 加工	3.1 装夹与定位	3.1.1 能根据加工位置预先加工穿丝孔 3.1.2 能根据加工要求选择合适的电极丝直径与材质 3.1.3 能完成电极丝的安装与校正 3.1.4 能使用机床的定位功能	3.1.1 穿丝孔的加工方法及意义 3.1.2 电极丝的类型及应用 3.1.3 电极丝的安装与校正步骤 3.1.4 常用的定位方法
	3.2 编制程序	3.2.1 能使用 CAD/CAM 软件绘制二维零件图 3.2.2 能根据加工要求，使用 CAD/CAM 软件编制二维零件的数控程序 3.2.3 能使用 CAD/CAM 软件的模拟功能实施加工过程仿真、加工代码检查与干涉检查 3.2.4 能手工编制二维轮廓（曲线除外）的加工程序	3.2.1 使用 CAD/CAM 软件绘制二维零件图的方法 3.2.2 使用 CAD/CAM 软件进行二维零件图后处理的方法 3.2.3 数控加工仿真功能的使用方法 3.2.4 手工编程的各种功能代码的使用方法 3.2.5 电极丝补偿的作用及计算方法
	3.3 加工工件	3.3.1 能一次加工成型凸凹模复合零件 3.3.2 能加工锥度零件 3.3.3 能加工多型孔模板 3.3.4 能根据加工要求合理选择加工工艺条件 3.3.5 能判断加工过程的放电稳定性 上述加工达到如下要求： （1）表面粗糙度：$Ra1.6\mu m$ （2）公差精度：IT7	3.3.1 电加工的物理过程 3.3.2 影响工艺指标的主要因素 3.3.3 工艺参数的含义 3.3.4 凸凹模复合零件、锥度零件等加工方法 3.3.5 锥度加工的设置 3.3.6 多型孔加工工艺及优化 3.3.7 暂留量的处理与跳步加工的方法 3.3.8 常见加工异常问题及处理方法

职业功能	工作内容	技能要求	相关知识要求
3. 电火花线切割加工	3.4 检测工件	3.4.1 能选择量具测量工件尺寸 3.4.2 能使用常用量具进行零件的几何精度检验	3.4.1 常用量具的使用方法 3.4.2 几何公差的基本知识 3.4.3 零件精度检验方法
4. 电火花成型加工	4.1 电极准备	4.1.1 能判断电极结构设计的合理性 4.1.2 能选择电极材料 4.1.3 能选定电极尺寸缩放量	4.1.1 常见电极的结构形式 4.1.2 电极材料的特性及应用 4.1.3 电极尺寸缩放量的确定方法
	4.2 装夹与定位	4.2.1 能选择定位基准找正工件 4.2.2 能手动校正电极 4.2.3 能使用机床定位功能	4.2.1 工件找正的方法 4.2.2 手动校正电极的方法 4.2.3 常用的定位方法
	4.3 编制程序	4.3.1 能根据加工要求设定放电任务清单 4.3.2 能选用平动方式 4.3.3 能根据加工精度要求选择加工策略	4.3.1 加工形状、电极编号、工件编号、型腔编号、加工阶段的设定方法 4.3.2 平动加工的类型及应用 4.3.3 加工策略的确定方法
	4.4 加工工件	4.4.1 能进行程序校验、空运行、单步执行 4.4.2 能判断加工过程中的放电稳定性 4.4.3 能进行侧向放电加工 4.4.4 能进行深槽型腔放电加工 上述加工达到如下要求： （1）表面粗糙度：$Ra1.6\mu m$ （2）公差精度：IT7	4.4.1 电加工的物理过程 4.4.2 影响工艺指标的主要因素 4.4.3 程序检验、空运行、单步执行的方法 4.4.4 异常放电的判断方法 4.4.5 多型腔、多工件自动运行的方法，均衡控制电极损耗的工艺 4.4.6 侧向放电加工的方法
	4.5 检测工件	4.5.1 能使用表面粗糙度样板进行表面对比 4.5.2 能使用常用量具进行零件的精度检验	4.5.1 表面粗糙度样板的使用方法 4.5.2 零件精度检验方法

3.3 三级 / 高级工

本等级分为电火花线切割机床操作工和电火花成型机床操作工两个工种。电火花线切割机床操作工考核第 1、2、3 项职业功能，电火花成型机床操作工考核第 1、2、4 项职业功能。

职业功能	工作内容	技能要求	相关知识要求
1.工作准备	1.1 读图与绘图	1.1.1 能读懂装配图及技术要求 1.1.2 能读懂机床传动及控制原理图 1.1.3 能利用 CAD/CAM 软件将三维模型转为工程图	1.1.1 装配图的画法及技术要求的注写 1.1.2 机床传动及控制原理基础知识 1.1.3 CAD/CAM 软件将三维模型转工程图的方法
	1.2 制定加工工艺	1.2.1 能编制零件的加工工艺文件 1.2.2 能选择零件加工工艺方案	1.2.1 制定零件加工工艺文件的程序 1.2.2 加工工艺方案选择方法
2.设备维护	2.1 机床精度检验	2.1.1 能安装调试电加工机床 2.1.2 能通过试切来检验电加工机床精度	2.1.1 安装调试机床的知识 2.1.2 机床试切检验的内容和方法
	2.2 故障诊断	2.2.1 能监督检查电加工机床的日常维护状况 2.2.2 能判断电加工机床机械系统故障	2.2.1 电加工机床维护管理基本知识 2.2.2 电加工机床机械系统故障的诊断方法
3.电火花线切割加工	3.1 装夹与定位	3.1.1 能使用快速装夹夹具装夹工件 3.1.2 能通过 3D 测量建立倾斜坐标系 3.1.3 能设计夹具装夹特殊零件	3.1.1 快速装夹夹具的原理及使用方法 3.1.2 通过 3D 测量建立倾斜坐标系的方法 3.1.3 特殊零件的装夹、定位、测量知识 3.1.4 夹具的设计方法
	3.2 编制程序	3.2.1 能使用 CAD/CAM 软件编制变锥度、无屑加工和分阶段加工等加工程序 3.2.2 能使用废料管理、废料连接功能 3.2.3 能手工编制固定循环程序、子程序和变量程序	3.2.1 变锥度、无屑加工和分阶段加工等编程方法 3.2.2 废料管理、废料连接功能的运用 3.2.3 固定循环程序、子程序和变量程序的编程方法
	3.3 加工工件	3.3.1 能加工间隙单边小于 $10\mu m$ 的配合件 3.3.2 能加工上下异形零件、狭长零件和大锥度零件 3.3.3 能根据加工要求修改程序 3.3.4 能判断加工状态，处理加工异常 上述加工达到如下要求： （1）表面粗糙度：$Ra0.8\mu m$ （2）公差等级：IT6	3.3.1 脉冲电源放电参数知识 3.3.2 配合件加工的方法 3.3.3 上下异形加工的设置 3.3.4 防止工件变形的方法 3.3.5 大锥度零件加工的方法 3.3.6 检查程序的要点 3.3.7 加工状态判断及异常处理方法 3.3.8 加工精度的控制方法

电火花成形机床操作与加工

职业功能	工作内容	技能要求	相关知识要求
3. 电火花线切割加工	3.4 检测工件	3.4.1 能使用在线光学测量系统检验工件 3.4.2 能通过修正程序减少加工误差	3.4.1 在线光学测量系统的使用方法 3.4.2 加工误差产生的主要原因及其消除方法
4. 电火花成形加工	4.1 电极准备	4.1.1 能提出电极设计、制造方案 4.1.2 能使用 CAD/CAM 软件进行含曲面电极的实体建模	4.1.1 电极的设计方法与原则 4.1.2 电极的制造方法 4.1.3 CAD/CAM 软件实体建模、曲面建模的方法
	4.2 装夹与定位	4.2.1 能使用快速装夹夹具装夹电极与工件 4.2.2 能建立倾斜坐标系 4.2.3 能使用基准球工具完成精密定位 4.2.4 能操控电极、工件自动更换装置	4.2.1 快速装夹夹具的原理及使用方法 4.2.2 倾斜坐标系建立的方法 4.2.3 电极偏心的概念 4.2.4 基准球精密定位的方法 4.2.5 电极、工件自动更换装置的操控方法
	4.3 编制程序	4.3.1 能编制程序模板 4.3.2 能优化专家系统生成的放电参数 4.3.3 能通过优化加工余量来控制加工速度与表面质量 4.3.4 能手工编制二维轮廓（曲线除外）的数控程序 4.3.5 能手工编制固定循环程序、子程序和变量程序	4.3.1 编制程序模板的方法 4.3.2 放电参数的含义及调整方法 4.3.3 优化加工条件与余量的方法 4.3.4 直线与圆弧插补原理 4.3.5 固定循环程序、子程序和变量程序的手工编程方法
	4.4 加工工件	4.4.1 能完成螺纹型腔的放电加工 4.4.2 能加工亚光表面和镜面 4.4.3 能完成斜向及多轴联动放电加工 4.4.4 能判断加工状态，处理加工异常 上述加工达到如下要求： （1）表面粗糙度：$Ra0.8\mu m$ （2）公差等级：IT6	4.4.1 脉冲电源放电参数 4.4.2 螺纹型腔放电加工方法 4.4.3 亚光表面和镜面的加工方法 4.4.4 斜向及多轴联动放电加工方法 4.4.5 加工状态判断及异常处理方法
	4.5 检测工件	4.5.1 能使用百（千）分表进行在线测量 4.5.2 能通过修正程序减少加工误差	4.5.1 在线测量的方法 4.5.2 加工误差产生的主要原因及其消除方法

3.4 二级／技师

职业功能	工作内容	技能要求	相关知识要求
1. 工作准备	1.1 读图与绘图	1.1.1 能读懂装配图，拆画零件图 1.1.2 能读懂常用电加工机床脉冲电源、控制系统原理图	1.1.1 零件的测绘方法 1.1.2 根据装配图拆画零件图的方法 1.1.3 常用电加工机床脉冲电源、控制系统原理图
	1.2 制定加工工艺	1.2.1 能编制高难度、精密、特殊材料零件的加工工艺文件 1.2.2 能对零件加工工艺进行合理性分析，并提出改进建议	1.2.1 高难度、高精密零件的工艺分析方法 1.2.2 特殊材料零件的加工方法 1.2.3 加工工艺方案合理性分析方法及改进措施
2. 设备维护	2.1 机床精度检查	2.1.1 能使用量具、量仪对机床定位精度、重复定位精度、导轨精度等进行检验 2.1.2 能使用示波仪对机床脉冲电源的放电波形进行精度检验	2.1.1 机床定位精度检验、重复定位精度检验的内容及方法 2.1.2 机床导轨垂直度与平行度的检验方法 2.1.3 示波仪检测脉冲电源波形的方法
	2.2 故障诊断	2.2.1 能排除电加工机床轴驱动报警等一般故障 2.2.2 能判断电加工机床脉冲电源与控制系统的一般故障	2.2.1 电加工机床轴驱动报警等一般故障的排除方法 2.2.2 电加工机床脉冲电源与控制系统故障的诊断方法
3. 零件加工	3.1 工装设计与装夹工件	3.1.1 能设计、制作异形工件工装夹具 3.1.2 能对现有的夹具进行误差分析并提出改进建议	3.1.1 工装夹具的设计知识 3.1.2 异形工件的装夹方法 3.1.3 夹具定位误差的分析与计算方法
	3.2 编制程序	3.2.1 能使用 CAD/CAM 软件进行复杂电极的建模 3.2.2 能编制涡轮、叶片等复杂零件的多轴联动程序	3.2.1 CAD/CAM 设计电极的方法 3.2.2 涡轮、叶片等复杂零件加工的编程方法
	3.3 加工工件	3.3.1 能加工硬质合金、钛合金等特殊材料 3.3.2 能加工薄板、易变形等零件 3.3.3 能使用混粉电火花成型技术加工大面积镜面 3.3.4 能使用电火花线切割机床进行油割加工 3.3.5 能解决工件超出机床加工范围等实际难题	3.3.1 特殊材料的材料学知识及电加工特性 3.3.2 电火花加工影响因素的消除、控制方法 3.3.3 混粉电火花成型加工的原理与应用 3.3.4 油割加工的方法 3.3.5 超出机床加工范围工件的加工方法

职业功能	工作内容	技能要求	相关知识要求
4. 技术管理和培训	4.1 技术管理	4.1.1 能进行操作过程的质量分析与控制 4.1.2 能协助制订生产计划，进行调度及人员管理	4.1.1 质量管理知识 4.1.2 质量分析与控制方法 4.1.3 生产管理基本知识 4.1.4 多人协同作业组织方法
	4.2 培训与指导	4.2.1 能指导本职业三级/高级工及以下等级人员的实际操作 4.2.2 能讲授本职业的专业技术知识	4.2.1 培训教学的基本方法 4.2.2 操作指导书的编制方法

3.5 一级/高级技师

职业功能	工作内容	技能要求	相关知识要求
1. 工作准备	1.1 读图与绘图	1.1.1 能绘制工装装配图 1.1.2 能读懂常用电加工机床的原理图及装配图 1.1.3 能组织本职业二级/技师及以下等级人员进行工装协同设计	1.1.1 常用电加工机床电气、机械原理图 1.1.2 协同设计知识
	1.2 制定加工工艺	1.2.1 能对高难度、高精密零件的电加工工艺方案进行合理性分析，提出改进意见，并参与实施 1.2.2 能推广应用新知识、新技术、新工艺、新材料	1.2.1 零件电加工工艺系统知识 1.2.2 新知识、新技术、新工艺、新材料知识
2. 设备维护	2.1 机床精度检查	2.1.1 能使用激光干涉仪对机床定位精度、重复定位精度、导轨精度等进行检验 2.1.2 能通过调整机床参数对可补偿的机床误差进行精度补偿	2.1.1 激光干涉仪的使用方法 2.1.2 误差统计和计算方法 2.1.3 数控系统中机床误差的补偿方法
	2.2 故障诊断	2.2.1 能组织并实施电加工机床的大修与改装 2.2.2 能分析电加工机床故障产生的原因，并能提出改进措施减少故障率 2.2.3 能查阅电加工机床的外文技术资料	2.2.1 电加工机床大修与改装方法 2.2.2 电加工机床脉冲电源、控制系统的常见故障及排除方法 2.2.3 电加工机床专业外文知识
3. 零件加工	3.1 工装设计与装夹工件	3.1.1 能设计复杂夹具 3.1.2 能对零件加工误差提出改进方案，并组织实施	3.1.1 微细、精密电火花成型加工技术 3.1.2 工装及方法 3.1.3 复杂夹具的误差分析及消减方法

职业功能	工作内容	技能要求	相关知识要求
3. 零件加工	3.2 编制程序	3.2.1 能根据加工要求独立创建放电参数数据库 3.2.2 能解决高难度、异形零件加工的编程技术问题	3.2.1 创建放电参数数据库的方法 3.2.2 解决技术难题的思路和方法
	3.3 加工工件	3.3.1 能使用电火花成型机床加工角部 $Ra < 8\mu m$ 的极限清角 3.3.2 能使用电火花线切割机床加工 $D=20\mu m$ 的电极丝 3.3.3 能通过改变放电参数来获得不同的微观表面形貌	3.3.1 微细、精密电火花线切割加工技术 3.3.2 电加工微观表面形貌与放电参数的关系
4. 技术管理和培训	4.1 技术管理	4.1.1 能评审产品的质量 4.1.2 能借助网络设备和软件系统实现电加工机床网络化管理 4.1.3 能组织实施技术改造和创新，并撰写相应的论文	4.1.1 产品质量评审的质量指标 4.1.2 质量体系知识 4.1.3 电加工机床网络接口及相关技术 4.1.4 技术论文的撰写方法
	4.2 培训与指导	4.2.1 能指导本职业二级 / 技师及以下等级人员的实际操作 4.2.2 能对本职业二级 / 技师及以下等级人员进行技术理论培训	4.2.1 培训讲义的编写方法 4.2.2 培训计划与大纲的编制方法

4. 权重表

4.1 理论知识权重表

项目	技能等级	五级 / 初级工（%）	四级 / 中级工（%）	三级 / 高级工（%）	二级 / 技师（%）	一级 / 高级技师（%）
基本要求	职业道德	5	5	5	5	5
	基础知识	25	20	20	15	10
相关知识要求	工作准备	15	15	15	20	20
	设备维护	10	15	20	20	20
	电火花线切割加工	45	45	40	—	—
	电火花成型加工					
	零件加工	—	—	—	30	30
	技术管理和培训	—	—	—	10	15
合计		100	100	100	100	100

注：五级 / 初级工、四级 / 中级工、三级 / 高级工考核时，按电火花线切割加工和电火花成型加工任选其中一项进行考核。

电火花成形机床操作与加工

4.2 技能要求权重表

项目	技能等级	五级 / 初级工（%）	四级 / 中级工（%）	三级 / 高级工（%）	二级 / 技师（%）	一级 / 高级技师（%）
技能要求	工作准备	10	15	15	15	15
	设备维护	10	10	15	20	20
	电火花线切割加工	80	75	70	—	—
	电火花成型加工					
	零件加工	—	—	—	55	55
	技术管理和培训	—	—	—	10	10
合计		100	100	100	100	100

注：五级 / 初级工、四级 / 中级工、三级 / 高级工考核时，按电火花线切割加工和电火花成型加工任选其中一项进行考核。

参 考 文 献

[1]　曹凤国. 电火花加工 [M]. 北京：化学工业出版社，2014.

[2]　伍端阳. 数控电火花成形加工技术培训教程 [M]. 北京：化学工业出版社，2010.

[3]　伍端阳. 数控电火花加工现场应用技术精讲 [M]. 北京：机械工业出版社，2009.

[4]　赵万生. 电火花成形加工技术 [M]. 哈尔滨：哈尔滨工业大学出版社，2002.

[5]　赵万生. 先进电火花成形加工技术 [M]. 北京：国防工业出版社，2004.

[6]　郭永丰，白基成，刘晋春. 电火花成形加工技术 [M]. 哈尔滨：哈尔滨工业大学出版社，2005.

[7]　中华人民共和国人力资源和社会保障部. 电切削工国家职业技能标准. 2019.